KB262217

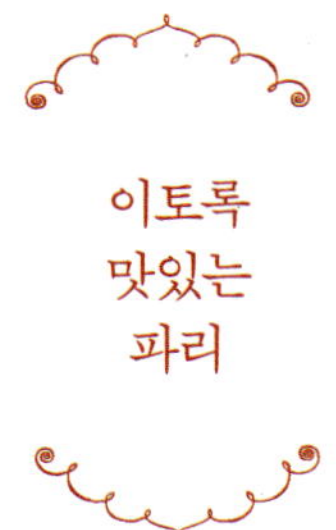
이토록
맛있는
파리

이토록 맛있는 파리

진경수 지음

북하우스

여행을 좋아하는 사람이라면 일생에 한 번쯤은 가게 되는 도시 파리. 눈이 휘둥그레질 만큼 경이로운 유적과 박물관, 그림 같은 건물들과 거리들로 지루할 틈이 없는 너무 유명한 관광지다. 하지만 파리에는 에펠탑과 루브르 박물관만 있는 게 아니다. 당연한 말이지만, 파리에는 그 유명한 프랑스 요리도 있다. 한국에선 맛보기 힘든 정통 프랑스 요리가 우리를 기다리고 있다.

파리에서 제대로 된 프랑스 요리를 먹지 않았다면, 파리의 반쪽만 경험한 것이나 다름없다. 하지만 정작 프랑스의 중심 파리에서 프랑스 요리를 제대로 즐기고 오는 사람은 드물다. 언어적인 문제도 있겠지만, 음식이나 식당이나 너무 생경해 보여서 엄두가 나지 않을 수도 있겠다. 그러다보니, 파리의 골목골목마다 자리 잡은 식당들에서는 갖가지 매혹적인 요리들이 넘쳐나는데도, 관광객을 상대로 한 식당에서 기념품 수준의 뻔한 음식들을 맛보는 데 그치곤 하는 것이다.

나는 파리에서 프랑스 요리를 배웠고, 레스토랑의 셰프로 일했다. 나에게 파리는 시각적인 아름다움을 넘어서는 미각적인 즐거움으로 기억되는 곳이다. 프렌치 셰프로서 파리를 '수백 가지 멋의 도시'만이 아닌 '수천 가지 맛의 도시'로 알리고 싶었다. 그래서 다양하고 섬세한 파리의 맛을 제대로 즐기기 위해 알아야 할 기본적인 정보들을 정리하기 시작했다. 그리고 2010년 가을, 그리고 2011년 봄, 파리지앵들 사이에서는 잘 알려져 있지만,

한국의 여행자에게는 낯선 파리의 훌륭한 식당들을 찾아다녔다.

그렇게 이 책이 만들어졌다. 이 책은 파리로 미식 여행을 떠나려는 사람들을 독자로 상정해서 구성했다. 1부는 떠나기 전에 알아두면 좋을 프랑스 요리에 대한 필수 정보와 가벼운 지식을 담았다. 2부에서는 본격적으로 파리에서 가볼 만한 식당들을 소개했다. 내가 종종 다녔던 식당들, 현지에 있는 지인들이 추천한 식당들을 직접 찾아가 음식을 먹어봤다. 3부는 여행에서 돌아와 파리의 맛을 추억하며 집에서 간단하게 만들어 먹을 수 있는 프랑스 요리들의 레시피를 실었다.

프랑스 요리와 파리 식당의 모든 것을 담은 것은 아니지만, 유명 관광지에서 사진만 찍고 돌아올 '초짜' 관광객이 아니라면, 두번째로 떠나는 파리에서는 정통 프랑스 요리의 황홀한 맛을 제대로 즐기고 싶은 여행자라면, 이 책이 기본적인 안내서 역할은 충분히 할 수 있을 것이다. 아울러 이 책의 목표는 프랑스 요리에 대한 지식을 쌓기 위함이 아니라, 맛있는 프랑스 요리를 행복하게 먹기 위함임을, 결국은 먹는 행복을 누리기 위함임을 독자들이 알아주었으면 한다.

서래마을 라 싸브어에서
셰프 진경수

{contents}

프랑스 요리에 관한 몇 가지 이야기들

프랑스 요리,
그것이
궁금하다

"저는 프랑스 요리 만드는 프렌치 셰프입니다."

가끔 사람들을 만나 내 직업을 소개할 때면 반응은 거의 비슷하다. 처음엔, "와, 멋있네요." "어려운 일 하시네요." 그러다 다들 좀 편해지면 가장 먼저 나오는 질문이 있다. "그런데 프랑스 요리는 뭐예요?" 그러면 옆에서, "푸아그라도 몰라? 달팽이 같은 것도 있잖아." 거들어주기도 한다. 맞는 말이다. 푸아그라foie gras, 에스카르고escargots(달팽이), 모두 프랑스 요리이긴 하니까. 내 대답도 거기서 크게 달라지지 않는다. 뭐 다른 요리도 많아요, 하면서 웃음으로 얼버무리고 마는 것이다.

셰프들끼리야 굳이 말로 하지 않아도 알 수 있는 경계가 있지만, 사실 프랑스 요리가 무엇인지 한마디로 정의하기는 쉽지 않다. 그건 한국 사람들에게 한국 요리가 뭐냐고 묻는 것과도 같기 때문이다. 그 질문에 제대로 답을 할 수 있는 사람이 몇이나 될까. 우리가 먹는 것이 손에 꼽을 몇 가지로 한정되어 있지도 않고, 어제 먹었던 음식을 같은 방식으로 내일 먹을 것이란 보장도 없다. 요리는 원래 늘 변화하고 발전하는 것이기 때문이다. 게다가 국경을 초월한 정보 공유가 실시간 이루어지는 요즈음에는 그 속도가 더욱 빨라지고 있다.

　　좀더 깊이 있게 말하자면, 음식이란 역사와 문화와 함께 가는 것이다. 유네스코 세계문화유산에 등재된 프랑스 요리 역시 프랑스라는 나라의 역사와 문화에 맞물려 있다. 이를테면, 프랑스 요리는 왕권정치가 끝나면서 서민음식과 귀족음식이 혼재되어 지금처럼 다양하게 발전할 수 있었으며, 특유의 풍성하고 신선한 재료들 중에는 비옥한 북아프리카 식민지에서 들여온 것들이 많다. 프랑스 사람들의 기질과 생활습관도 음식 문화에 한몫한다고 할 수 있겠다. 영국 사람들의 로망이 아름다운 응접실을 꾸미고 장미 정원을 가꾸는 것이라면, 프랑스 사람들에게는 사랑하는 사람과 멋진 곳으로 바캉스를 떠나 맛있는 음식을 먹는 게 행복이다. 그러니 프랑스 사람들이 음식에 대한 지식이 많을 수밖에 없다. 프랑스 남자들이 여자들에게 ‘작업’을 걸려고 해도 가장 먼저 해야 할 일은 어느 레스토랑에 데려가서 어떤 맛있는 요리를 함께 먹을지 결정하는 것이니.

　　사실 10~20년 전만 해도 요리에 국경이 있었지만, 지금은 모든 문화가 그렇듯 음식에도 여러 문화가 통합되어 그 특성이 모호해지고 있다. 요즈음 뜨고 있다는 ‘모던 오스트레일리언 퀴진(‘호주 요리’라고 정의하기에는 좀 곤란한 면이 있다)’의 경우, 전세계의 모든 재료를 다 사용한다고 해도 과언이 아니다. 역사가 짧아 마땅히 전통 음식이랄 것이 없으니 모두 받아들이는 것이다. 21세기에 다이닝dining 문화가 꽃피는 곳은 호주와 미국, 싱가포르처럼 부유하면서 땅이 좋거나 문화가 길지 않은 지역이 대부분이다. 우리만 해도 오랜 역사 속에서 전통이 많이 남아 있는 편이라 아직까지 다른 음식을 받아들이기 어려워한다.

프랑스 요리의 국경도 점점 흐릿해지는 추세다. '모던 프렌치'라고 불리는 요리들은 이탈리아 음식부터 일본 음식까지 다 섞여 있는 경우가 많다. 아시아 요리들은 그나마 경계가 살아 있지만 유럽의 음식들은 이제 구분이 거의 사라졌다. 사실 서양 문화라는 게 이집트와 메소포타미아에 뿌리를 두고 있는 것이므로, 푸아그라도 람세스 시절에 이집트에서 먹던 음식이라는 설이 있으며, 프랑스 요리에 흔히 쓰이는 어린 양고기 아뇨agneau도 중동에서 즐겨먹던 것이다.

그렇다면 일반적으로 프랑스 요리는 어떻게 구분될까? 호주, 미국의 유명한 프렌치 레스토랑에서는 무엇을 팔까? 이들의 분류에 따르면, 프랑스 요리는 푸아그라나 에스카르고처럼 몇 가지 특별한 요리를 가리킨다기보다는 '프랑스 식' 대표 재료나 조리방식이 사용된 요리라고 보는 게 맞다. 일례로 우리에게 프랑스 대표 요리로 알려진 푸아그라를 보자. 푸아그라란 거위간을 테린terrine이라는 방식으로 만든 것인데, 테린이란 고기나 생선 등을 그릇에 다져넣어 차게 식힌 음식이다. 거위간이라는 재료나 테린이라는 조리방식이 '프랑스 식' 요리의 특징인 것이다.

그런데 한국에서는 프랑스 요리란 유독 특이하고, 복잡하며, 양이 적고, 지나치게 예술적이라는 편견이 여전히 존재한다. 1970년대 시작된 '누벨 퀴진nouvelle cuisine(새로운 요리)'이라는 새로운 흐름 때문에 프랑스 요리가 좀더 가벼워지면서, '예술적'인 모양새를 갖추게 된 것도 사실이다. 하지만 나는 한국의 프렌치 셰프로서 그런 식의 요리가 진정한 프랑스 요리라고 생각하지 않는다. 그것은 음식을 먹는 게 아니라 그저 신기한 경험을 하는 것이기 때문이다. 물론 이탈리아 요리의 피자와 파스타, 일본 요리의 스시처럼 대중화의 첨병 역할을 할 만한 대표 메뉴가 없어서 더 낯설게 느껴지겠지만, 중요한 것은 프랑스 요리도 수많은 평범한 요리 중 하나에 불과하다는 점이다. 같은 재료를 다른 방식으로 조리하거나, 다른 재료를 같은 방식으로 먹기도 한다는 일반적인 차이가 있을 뿐이다.

다섯 살짜리 아이한테 도화지를 주고 그림을 그리라고 하면 뭐든 그린다. 하지만 어른들은 덮어놓고 "저는 그림을 못 그리는데요." 하고 만다. 미리 스스로 선을 그어버리는 것이다. 음식을 대하는 자세도 마찬가지다. 내가 운영하는 라싸브어에 부모와 함께 온 어린아이들은 음식을 즐기는 데 머뭇거림이 없다. 편견에 젖은 어른들만 프랑스 요리는 어렵다고 한다.

결론적으로, 프랑스 요리가 무엇이냐고 묻는다면 차라리 요즈음 프랑스 사람들이 즐겨 먹는 요리라고 답하는 편이 가장 무난하겠다. 아니면 프랑스 식으로 즐기는 요리일 수도 있다. 어차피 정답은 없다. 그러니 프랑스 요리가 무엇인지 몰라도 상관없다. 요리란 직업으로 삼을 바가 아닌 다음에야 공부하며 알아가는 것이라기보다 우선 당장에 즐겨야 하는 것이기 때문이다.

프랑스에도
'남도 요리'가
유명하다

알면 알수록 빠져드는 다양한 프랑스 요리는 재료와 조리방법뿐만 아니라 지역에 따라서도 나뉠 수 있다. 우리나라의 여섯 배에 달하는 면적에 땅도 비옥하니 지역 요리가 발달한 것도 당연하다 할 수 있겠다.

프랑스 요리는 크게는 남부와 북부로 나눌 수 있고, 한 번 더 세분화하자면 남서부와 남동부, 북서부와 북동부 그리고 중부 정도로 대략 나눠볼 수 있다. 남부와 북부 요리의 가장 두드러진 차이점은, 남부 요리는 올리브유와 마늘을 주로 사용하는 반면, 북부 요리는 버터와 샬롯Shallot(양파와 비슷한 프랑스 요리의 기본 향신료)을 사용한다는 점이다. 또한 기후나 토양적인 면에서 훨씬 자연의 혜택을 많이 받은 남부의 경우 다양한 채소와 과일을 이용한 요리들이 많고, 북부의 경우 낙농업의 발달로 유가공품이 일찍이 발달했다. 또한 남부에는 화창한 날씨 때문에 음식이 상하지 않도록 보관하는 염장 기술이 발달해 북부보다 오히려 짠맛의 음식들이 많다.

남부 중에서도 남동부인 프로방스와 코트 다쥐르 지역은 이탈리아 요리의 영향을 받았는데, 오래전부터 휴양지였던 특성상 외지인들도 쉽게 접근할 수 있는 프랑스 요리들이 많다. 우리가 흔히 '남불 음식'이라고 알

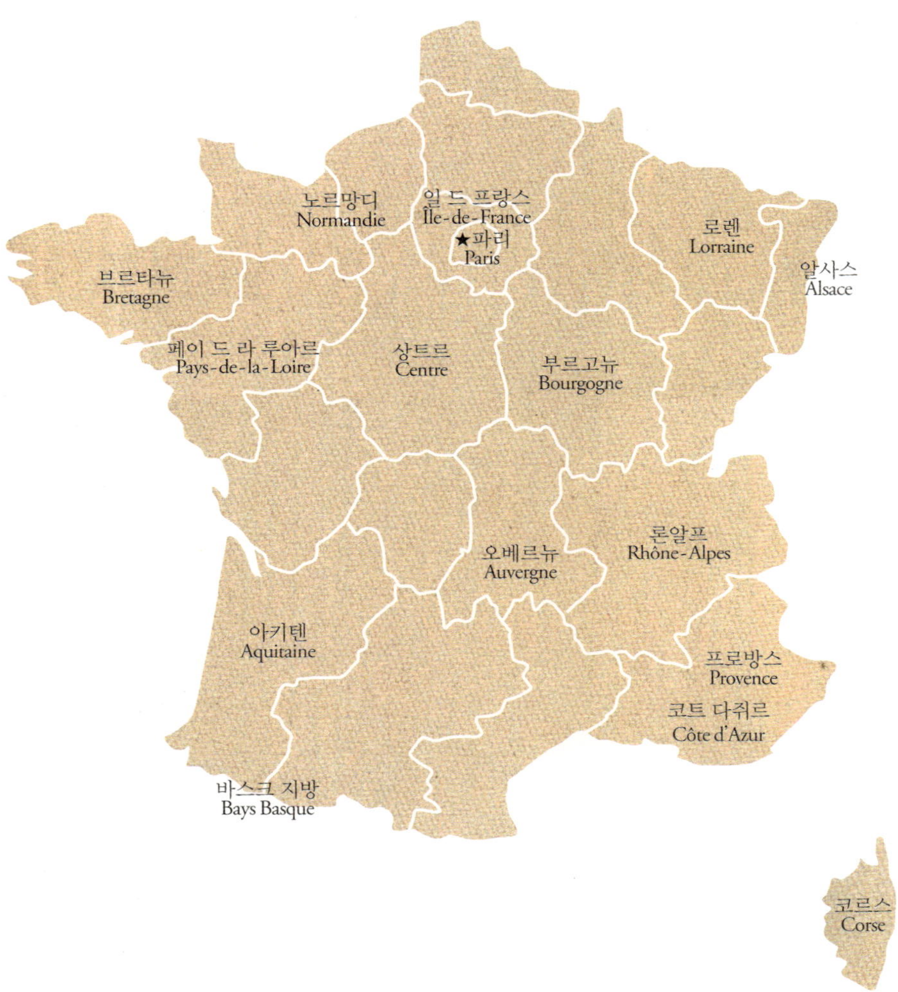

노르망디
Normandie
일 드 프랑스
Île-de-France
★파리
Paris
로렌
Lorraine
브르타뉴
Bretagne
알사스
Alsace
페이 드 라 루아르
Pays-de-la-Loire
상트르
Centre
부르고뉴
Bourgogne
론알프
Rhône-Alpes
오베르뉴
Auvergne
아키텐
Aquitaine
프로방스
Provence
코트 다쥐르
Côte d'Azur
바스크 지방
Bays Basque
코르스
Corse

고 있는 음식들은 사실상은 이 지역의 음식들이다. 요리사가 되고 싶은 쥐가 주인공으로 나온 애니메이션의 제목이기도 했던 야채 스튜인 라타투이ratatouille와 프랑스 식 해물탕인 부야베스bouillabaisse가 이 지역의 대표적인 요리들이다. 지중해 쪽은 햇빛이 좋아서 음식이 많이 발달했을 것 같지만, 사실 주재료는 토마토, 바질, 올리브 등 햇빛에서 잘 자라는 것으로 한정되어 있는 편이다.

오히려 대서양 쪽이 다양한 음식을 자랑한다. 바닷물, 민물이 만나고, 낙농업까지 갖추고 있으며 염장 기술도 발달해왔다. 그러니 이 지역 사람들이 대식가가 될 수밖에. 남서부 지방 요리는 스페인의 바스크 지방에서 큰 영향을 받은 음식들이다. 알다시피 바스크 지방은 지리적으로는 스페인에 속하지만 끊임없이 독립을 외치고 있는 지역이기도 하다. 이 지역은 식재료 면에서도 축복받은 땅이어서 축산물과 해산물이 공히 풍부하게 났던 지역이다. 푸아그라가 이 지역에서 가장 먼저 등장했고, 대표적인 프랑스 육류 가공품인 테린 역시 이곳에서 태어났다. 육류와 소시지를 이용한 저장식 요리인 카술레cassoulet도 대표적인 요리다. 낙농업 역시 발달해 블루치즈를 비롯한 다양한 치즈가 생산되는 지역이다.

북서부 브르타뉴는 아티초크나 양배추 같은 채소로 유명하고 사과주인 시드르cidre와 크레프crêpe가 이 지역에서 비롯된 음식들이다. 바다를 면하고 있어서 해산물 요리도 발달했다. 노르망디 역시 해산물과 낙농업으로 알려졌다.

한편 스위스와 독일을 접경하고 있는 북동부에는 독일 남쪽 지방의 영향을 꽤 많이 받은 스트라스부르를 중심으로 한 알사스 지역의 요리가 있다. 요리라고 하면 상대적으로 척박한 느낌이 드는 영국과 독일이지만, 귀족 문화가 융성했던 독일은 스테이크나 소시지 등의 육류 요리만큼은 영국에 비할 바 없이 발달한 곳이다. 프랑스 북서부 지역은 토질이 석회질이긴 하지만 나름의 축산업과 낙농업이 발달한 곳이기도 하다. 크림과 달걀, 베이컨을 넣어 만든 타르트인 키슈 로렌quiche Lorraine은 로렌 지방의 명물 중 하나다.

리옹을 중심으로 한 중부는 '가스트로노미gastronomie(식도락)'라는 단어가 탄생한 본고장이면서 한때 프랑스 미식을 대표하는 곳이었지만, 이제는 그 왕좌를 자본이 모이는 파리에 넘겨주었다. 알프스 근처 론알프 지역의 북쪽인 사부아 지방은 치즈가 주재료인 퐁뒤fondue, 라클레트raclette 등이 유명하며, 감자와 베이컨에 진한 치즈를 얹어 오븐에 구워내는 그라탱gratin 역시 대표적인 음식 중 하나다.

프랑스 각지의 특색 있는 재료와 요리법을 고수하는 식당들이 골고루 자리를 잡고 있는 파리에서는 프랑스의 전반적인 음식들을 모두 맛볼 수 있다. 하지만 서울에서도 맛집으로 소문난 한식당들 메뉴 중에는 남도 음식이 손꼽히듯이, 파리 시내의 다양한 지역 특산 레스토랑들 중 주류를 차지하고 있는 것은 바스크 음식을 근간으로 한 남서부 지역 요리 식당들이다. 이는 1800년대 말부터 1900년대 초까지 남서부 지방 사람들이 가난을 피해 파리로 상경하면서 카페, 시장 등을 비롯해서 전반적인 식문화를 차츰 점령해나간 영향이 크다.

어쨌거나 특정 지역의 요리를 다루는 식당들은 십중팔구 간판이나
데코레이션에 그 지역의 이름을 언급하고 있으니, 유심히 살펴보고 각자의
호기심과 입맛에 가장 끌리는 식당으로 향해보는 것도 파리에서 식도락을
즐기는 방법 중 하나일 것이다. 그 지역의 음식을 먹기 위해 굳이 현지로 가
지 않아도, 짧은 여행 동안 파리에서 그 풍미를 간접적으로나마 느낄 수 있
을 테니 말이다.

날씬해지려면
파리지앵처럼
먹어라

내가 파리에 살던 시절, 코르동 블루에 다니고 레스토랑에서 일할 때 주로 먹었던 것은 샐러드, 프랑스어로 말하자면 살라드salade였다. 특히 점심때는 살라드 드 크뤼디테salade de crudité라는, 생채소, 생과일 샐러드만 먹은 것 같다. 저녁때는 고기를 먹기도 했지만, 늘 샐러드를 곁들였다. 물론 아침은 동네 빵집에서 갓 구운 바게트와 커피로 시작했다.

내가 프랑스에서 먹었던 음식들은 프랑스 사람들이 매일 먹는 것들과 크게 다르지 않다. 아침에는 바게트, 크루아상, 팽 오 쇼콜라pain au chocolat(초콜릿 칩이 들어간 빵) 등에 커피나 우유 한 잔이 전부이고, 바쁜 파리지앵의 점심은 샐러드나 샌드위치가 대부분이다. 식당에 간다고 해도 우리 식 세트 메뉴라고 할 수 있는 포르뮐formule이나 므뉘menu 같은 간단한 식단으로, 카페나 비스트로처럼 편한 곳에서 먹는다.

먹는 걸 좋아하는 프랑스 사람들은 점심시간도 두세 시간이라는 얘기가 있지만, 파리는 그저 여느 대도시와 다를 바 없이 바쁘게 돌아가니 직장인의 점심시간은 한 시간뿐이다. 지금도 시골에서는 두 시간 넘게 점심을 먹곤 하는데, 그들에게는 점심이 정찬이고 늦게 먹는 저녁은 아주 가볍게

끝내기 때문에 가능한 식습관이다. 그러니 프랑스와 스페인이 전쟁을 하면 낮엔 싸움이 안 된다는 우스개가 생길 법도 하다. 프랑스 사람은 점심을 먹어야 하고 스페인 사람은 낮잠을 자야 하니까.

다시 파리로 돌아와서 파리지앵의 저녁을 살펴보면, 제대로 차려먹는다 싶을 때는 간단하게나마 전식-본식-후식 3코스 정도는 준비한다. 본식의 80~90퍼센트는 고기일 만큼, 프랑스 요리에서 고기가 차지하는 비중은 실로 어마어마하다. 그런데 저녁식사는 8시쯤 시작하는 것이 보통이라, 오후 4시 즈음에는 간식, 구테goûter를 즐긴다. 간단히 먹을 수 있는 빵들을 사 먹는데, 빵집에서는 알아서 그 시간에 적당한 빵들을 구워 내놓는다.

그런데 파리의 거리를 다니다보면 금방 느끼게 되는 사실 중 하나는, 살찐 사람이 별로 없다는 점이다. 나처럼 미국에서 살다가 프랑스로 간 사람이라면 더욱 분명히 느끼게 되는 사실이다. 거리 지천에 식당이 깔려 있고, 음식과 식당에 대한 관심이 둘째가라면 서러울 프랑스 사람들인데 말이다. 나만 느끼는 궁금증과 놀라움은 아니었던지, 이미 미국에서도『프랑스 여자는 살찌지 않는다』라는 책이 출간되어 프랑스 여자들의 식습관과 생활습관에 대한 조명이 한바탕 이루어지고, 그에 대한 수많은 이야기들이 오간 바 있다.

그렇다면 프랑스 여자들은, 아니 프랑스 사람들은 왜 살찌지 않는 것일까? 한 가지 미리 이야기해둘 것은 '안 먹어서'는 절대 아니라는 점이다. 정답은, 오히려 '잘 먹기' 때문이다. 여기서 '잘'이라는 건 우리가 거하게 한 상 차려 먹고 난 후 "자~알 먹었다." 하는 것과는 다른 종류의 '잘'이다. 프랑스 사람들이 잘 먹는다는 건, 현명하게 먹는다는 것, 좋은 식습관과 생활습관을 바탕으로 먹는다는 것이다.

우선 그들은 절대로 음식을 허겁지겁 먹어치우지 않는다. 정말 바쁘면 차라리 먹지 않을지언정, 일단 식당에서 식사를 하게 된 이상, 빨리빨리 음식을 입으로 털어넣는 듯한 행위는 하지 않는다는 것이다. 음식을 천천히 먹으면 빨리 먹는 것보다 훨씬 더 포만감을 느끼게 되고, 결과적으로는 더 적은 양을 먹게 된다.

그렇다면 우리보다 늦은 시간에 고기 위주로 먹는 저녁식사는 어떻게 이해할 수 있을까? 메뉴보다는 식사하는 패턴을 살펴보면 답이 나온다. 주문하고 10분 안에 음식이 나오지 않으면 짜증내는 손님을 심심찮게 볼 수 있는 한국과 달리, 일단 자리에 앉아서 음료를 주문하고, 음료를 천천히 마시며 메뉴를 꼼꼼히 확인하고, 그렇게 주문한 음식을 차례차례 기다리고, 음식이 나오면 천천히 음미하며 이야기를 나누며 음식을 즐기고, 식사가 다 끝난 후에도 커피나 차 한 잔을 마무리로 시켜놓고 다시 이야기를 나누는 것이 보통 프랑스 사람들이 식사를 하는 리듬이다. 상식적으로 생각해봐도 한

끼 식사에 저 정도로 많은 과정과 기다림, 그리고 수다가 동반된다면 당연히 몸속에 축적되는 열량이 줄어들지 않을까.

　마지막으로 셰프인 내 생각에는 아마도 이 점이 날씬한 프랑스 사람들의 비결 같은데, 그건 바로 음식을 먹을 때 그들은 정말 행복해한다는 사실이다. 샐러드 한 접시, 간단한 스테이크 하나를 먹어도 그 재료가 주는 맛과 그 음식을 먹는 분위기까지 하나하나 표현해가면서 만끽한다는 점이다. 맛있는 음식을 앞에 두고 살찔 걱정부터 하는 습관이 있다면, 프랑스 요리를 먹을 때만큼이라도 프랑스 사람들처럼 마음을 열고 맛을 느껴보는 건 어떨까.

Le Dîner
« Le Menu d'Astier »
84 euros ttc par personne
Fraîcheur d'écrevisses et de tomates,
mousseline d'avocats aux herbes
Soupe froide du moment,
lichette d'huile d'olives aux herbes fraîches
Pressé de joue de bœuf braisée,
œuf sauce tartare et salade d'herbes
Petits farcis et grosses crevettes, jus de crustacés corsé
Sauté de veau minute, sauce poulette et légumes d'été
Lapin Rex du Poitou rôti aux olives noires,
gâteau de carottes et de pain d'épices
Le plateau de Fromages d'Astier
Crème aux oeufs vanillée à l'ancienne
Nectarine entière pochée et glacée au coulis de fruits rouges,
glace à la pêche
Tarte fine au chocolat amer, mousse légère au café

세프의
철학이 담긴
코스 요리

프랑스 요리는 코스 요리가 기본이다. 바쁜 현대인의 생활에서 많이 줄어들 긴 했지만, 웬만한 식당에 가도 전식인 앙트레entrée, 본식인 플라plat, 후식인 데세르dessert, 이렇게 3코스 정도는 준비되어 있다. (미국에서는 본식을 앙트레라고 하고, 전식을 애피타이저appetizer라고 하는데, 앙트레란 프랑스어로 '시작, 개시' 등을 뜻하는 말이다.) 그런데 그 공식이 정해져 있는 것은 아니다. 3코스라고 해도, 살라드-앙트레-플라, 앙트레-플라-에스프레소(커피)일 수도 있는 것이다. 테이블에 앉자마자 주문하기도 전에 바로 나오는 오르되브르hors-d'oeuvre라는 것도 있다. 어떤 재료, 어떤 소스, 어떤 조리법을 쓰느냐에 따라 코스 구성은 달라질 수밖에 없다.

5코스가 넘어갈 만큼 식사가 길어지면 플라와 앙트레의 구분도 없어진다. 고기가 먼저 나오고 살라드가 나중에 나올 수도 있는 것이다. 굳이 생선이 고기 앞에 나온다는 법도 없다. 아구나 고등어처럼 맛이 강한 등푸른 생선과 닭고기 가슴살을 함께 준비했다면, 닭고기가 먼저인 것이 자연스럽다. 앙트레는 플라에 들어가기 전에 입맛을 돋우는 것으로 선택하지만, 비싼 재료라서 조금만 맛볼 수 있게 하기 위해 앙트레로 넣을 수도 있다. 흔히 앙트레로 먹는 푸아그라가 플라로 나온다 해도 이상할 게 없는 것이다. 그래도 데세르만큼은 맨 뒤에 나오는데, 드물지만 중간에 끼워넣어 맛을 정리해주는 경우도 있다.

일반적으로 신 것-기름진 것-찬 것-단 것의 원칙이 사용되긴 하지만, 채소-가금-디저트-생선-채소-가금, 이런 식으로 20코스까지도 만들 수 있다. 토마토 한 조각이라도 조리하면 코스 중 하나의 요리가 되기 때문이다. 다만 코스가 길어질수록 한 접시에 올리는 양은 줄어든다. 사람이 먹을 수 있는 양은 정해져 있기 때문에, 3코스든 20코스든 총량은 같아야 한다.

다시 말해, 코스의 미학이란 중복되지 않은 재료가 사람들의 몸에 편안한 순서대로 제공되는 데 있다. 찬 것과 따뜻한 것이 적당히 반복되어야 하고, 짠맛, 신맛, 단맛이 오묘하게 조화되어야 한다. 어느 하나만 쭉 나와도 몸은 금세 피곤해지고 입도 지루해지기 십상이다. 제대로 코스를 차린 곳에서 정찬을 하게 되면 전혀 더부룩한 느낌 없이 편한 포만감을 느끼는 것도 그 이유다. 어느 순간에 어떤 맛을 강조할지, 고기 하나라도 어느 부위에 어떤 향료를 가미할지, 셰프로서는 예민하게 신경쓸 수밖에 없다. 라싸브어에서 제공하는 코스는 더하지도 덜하지도 않아 균형감이 좋다는 얘기를 듣는 것도 늘 고민하는 덕분인 것 같다.

한편 한국에서 코스 요리는 너무 길면 안 된다는 생각이 있다. 조리하고 상 차리는 시간이 있는데, '한 상 가득'의 문화에 적응된 한국 사람들은 기다리는 데 익숙하지 못한 탓이다. 프랑스 요리를 제대로 맛보려면, 프랑스 사람들만큼 넉넉한 시간이 필요함은 물론이다.

프랑스에는
식당도
여러 가지

고집스러울 만큼 다양성을 존중하는 프랑스 사람들이기에, 식당들 역시 그 종류에 따라 파는 음식과 영업시간, 분위기 등이 달라진다. 비록 파리처럼 물가가 비싸고 번화한 도시에서 점점 더 그 경계가 모호해지고, 한 가게가 여러 업소의 영업형태를 띠는 경우도 많지만 다음의 이름들을 기억해두면 일정과 취향, 주머니 사정에 맞게 식사할 곳을 고르는 데 도움이 될 것이다.

카페 café

커피를 중심으로 한 음료 위주로, 샌드위치나 샐러드 등의 간단한 음식 한 두 가지만을 파는 곳이다. 파리에서는 대개 출근시간 전에 영업을 시작한 다. 테이크아웃 커피가 그다지 인기 없는 프랑스에서는 아침이 되면 카페 마다 바에 서서 에스프레소를 입안에 털어넣듯 마시는 직장인들을 볼 수 있 다. 위치에 따라 성격이 약간씩 달라지기도 하는데, 메트로와 가까운 곳은 커피 위주다. 목 좋은 곳에 자리를 잡고 타바tabac라는 이름으로 담배를 함 께 팔기도 한다. 음식은 햄치즈 샌드위치인 크로크므슈croque-monsieur 정도.

좀더 안쪽으로 들어가야 요리를 내놓고, 좀더 후미진 곳은 와인 위주다. 낮에는 안 열고 밤에만 연다면 와인에 집중하는 카페라는 뜻이다. 어느 카페든 저녁때 간단히 술 한잔하는 데는 문제가 없다.

비스트로 bistro/bistrot

커피를 포함한 간단한 음료와 2~3코스의 소박한 음식들, 간혹 디저트 메뉴를 취급하는 곳. 가볍고 빠르게 먹을 수 있는 음식들이 주종을 이루며, 대부분 점심시간에 더욱 성황을 이룬다. 오전 11시 반에서 오후 2시 반까지가 중점적인 영업시간이다. 저녁 영업을 하지 않는 비스트로들은 오후 5시 반 정도면 문을 닫기도 한다. 요즘 큰 규모의 비스트로들은 아침에는 카페, 식사시간에는 비스트로 식으로 영업하는 곳들도 많으며 특히 임대료가 무시무시한 파리에서는 카페와 비스트로의 성격이 합쳐진 곳들이 점점 늘어나고 있다.

브라스리 brasserie

카페의 음료 메뉴에 모든 코스의 음식을 다 취급하는 곳. 규모 역시 카페나 비스트로에 비해 훨씬 커서 일반적으로 우리나라에서 볼 수 있는 패밀리 레스토랑 정도로 운영되는 곳들이 많다. 브라스리 중에도 유서 깊은 곳은 레스토랑 못지않게 수준 높은 음식을 자랑한다. 식사시간 위주로 영업하는 곳들이 많으며, 규모가 큰 만큼 목 좋은 곳에 자리를 잡고 있다. 요즘은 브라스리와 비스트로가 거의 같은 의미로 쓰이기도 한다.

레스토랑 restaurant

커피와 음료는 따로 취급하지 않으며, 정찬 코스 위주의 음식을 파는 곳. 커피와 음료는 식사 중, 혹은 식사 후에만 주문 가능하다. 엄격하게 식사시간에만 영업을 하며, 점심과 저녁 사이에는 저녁 영업을 준비하기 위해 문을 열지 않으니 미리미리 확인하고 예약을 해두는 것이 좋다. 아주 유명하거나 '파인 다이닝fine dining'을 지향하는 레스토랑들의 경우, 너무 캐주얼한 옷차림을 제한하는 곳들도 있으니 이에 대한 정보 역시 확인해두어야 현장에서 당황할 일이 없다.

트레퇴르 traiteur

테이크아웃이 가능한 간단한 음식들을 만들어 파는 음식점. 가게에 따라 테이블을 두고 손님을 받는 곳도 있다. 프랑스 전통음식, 파스타, 샐러드, 그리고 중국 및 아시아 음식까지 다양하고 저렴한 음식들을 만날 수 있다. 트레퇴르 외에도 간판이나 유리창에 'à emporter(아 앙포르테)'가 적혀 있는 식당들은 테이크아웃이 가능하다는 뜻이다.

　전문이라고 내건 요리에 따라 다르겠지만, 일반적으로 가장 저렴한 곳은 트레퇴르이고, 카페-비스트로와 브라스리-레스토랑 순으로 비싸진다. 저녁식사는 보통 8시 전이면 준비가 안 돼 있으니, 너무 일찍 가지 않는 게 좋다. 8시에 여는 곳도 많아서, 그런 곳은 9시 반, 10시나 돼야 손님이 있다. 마지막으로 식당 고르기의 팁은, 한국과 마찬가지로 손님이 없는 식당은 피하는 게 상책이라는 것.

식당에서
주문 잘하는
단순한 방법

당신은 이제 막 파리에 도착했다. 끼니때도 됐겠다, 당장 식당에 가서 프랑스 요리를 맛보고 싶은데, 거리를 돌아다닐수록 막막해진다. 무엇부터 고려하면 될까?

가장 먼저 예산을 생각해야 한다. 프랑스는 인건비가 높아서 한국보다 외식 가격이 많이 비싸다. 한국처럼 1만 원 정도에 한끼를 해결할 수 있는 것은 샌드위치 정도다. 특히 물가 비싸기로 유명한 파리라면, 한 끼에 20~30유로는 줘야 하니, 우리 돈으로 환산하면 만만치 않은 액수다. 그렇다면 식당별로 음식값이 얼마인지는 어떻게 알 수 있을까? 프랑스의 식당은 거의 대부분 밖에 메뉴판을 비치해놓는다. 그래서 메뉴판을 넘겨가며 꼼꼼히 계산해보는 프랑스 사람들의 모습도 쉽게 볼 수 있다. 그렇게 하라고 내놓은 메뉴판이니 반드시 대략의 가격대라도 알고 들어가자.

그런데 메뉴는 죄다 프랑스어로 되어 있는데, 프랑스어를 모르면 어떻게 해야 하나? 불행히도 프랑스의 식당 메뉴판에는 음식 사진이 드물다. 샹젤리제나 에펠탑 근처에서 외국 관광객들을 상대로 하는 식당에는 사진은 물론 각국 언어로 요리 설명이 되어 있긴 한데, 예상하다시피 그런 곳

MENU CARTE PRIX NET 33 €
ENTREE + PLAT + DESSERT
MENU DEGUSTATION
48 €
POUR TOUTE LA TABLE
SELON DISPONIBILITE
AU DEJEUNER C'EST AUSSI   - ENTREE + PLAT
22 €   OU   - PLAT + DESSERT
PAIN PETRI ET CUIT MAISON
* PASTILLA DE CUISSE DE CANARD, SAUCE MIELLEUSE A LA CORIANDRE
* CHIPIRONS FARCIS, BETTERAVES CROQUANTES, HUILE DE CORIANDRE
* PETIT PATE DE CEPES ET EMULSION D'HERBES +5€
* PARMESANE D'AUBERGINES AUX POIVRONS DOUX, GRATINEE AU GRANA
* FRAICHEUR DE POULPE ET CHUTNEY COURGETTE-TOMATE
* FILET DE DORADE, COCOS PAIMPOLAIS AU PISTOU
* FILET DE RASCASSE, TAGLIATELLES DE COURGETTE-CAROTTE, EMULSION HOMMO
* FILET DE CANETTE CARAMELISEE, JULIENNE DE CAROTTE-CELERI AU CARVI
* FAUX FILET DE BOEUF MARINE AUX AROMATES, BEIGNETS D'AUBERGINE
* POITRINE DE PORCELET, POMMES PAYSANNES ET GIROLLES
AVANT LE DESSERT OU EN GUISE DE DESSERT (6€), GOUTEZ LE BRIE DE MELUN
* CREME CHAUDE AU CHOCOLAT ET GLACE PRALINE
* ANANAS ROTIS, RHUM ORANGE, GLACE VANILLE
* SABLE BRETON ET SON BLANC MANGER AUX FRAISES
* TARTELETTE RHUBARBE FAÇON CRUMBLE, GLACE THYM-CITRON
* FIGUES ROTIES AU CASSIS, SORBET LAIT-CITRON
PAIN PETRI ET CUIT MAISON

은 그닥 추천할 만한 곳이 못 된다. 그렇다면 남은 방법은 우리가 직접 '해독'하는 수밖에.

　　　　여기서 강조하고 싶은 것 한 가지. 프랑스 요리의 이름은 아무리 길어도 대부분 재료와 조리법으로 이루어져 있다. 그러니 프랑스에 가서 본토 요리를 맛보고 싶다면 최소한 작은 프랑스어 사전이라도 준비해가길 바란다. 요즈음은 스마트폰으로도 쉽게 단어를 찾아볼 수 있으니, 최소한 어떤 재료로 만들었는지, 그것을 내가 먹을 수 있는지 정도를 파악하는 것은 어렵지 않다. 사진 찍어대기 바쁜 관광객이길 거부하고 좀더 프랑스 요리의 진수를 맛보고 싶다면 그 정도는 준비해두라고 권하고 싶다.

　　　　테이블을 차지하고 앉았다면, 셰프로서 해주고 싶은 조언은 부디 음식 앞에서 창피해하지 말라는 것이다. 음식을 만드는 나도 그렇고, 프랑스 사람들도 그렇고, 웨이터에게 질문을 많이 한다. 그 집에만 있는 음식이라면 모르는 게 당연하지 않겠는가. 웨이터들도 당신이 외국인이라는 걸 알고 있다. 어차피 관광 천국 프랑스에서 외국인은 너무나 흔하다. 그러니 이해할 때까지 충분히 질문하자. 웨이터에게 천천히 영어로라도 물어보면 된다. 남들 먹는 걸 보고 시켜도 된다. 아예 식당을 한 바퀴 돌아다니면서 다른 테이블을 훑어보는 사람도 있다. 기본적인 예의만 지킨다면, 충분히 가능한 일이다. 한국 식당에서는 일행이 메뉴를 통일시키지 않으면 종종 늦게 나온다고 협박(?)을 받기도 하지만, 프랑스에서는 절대 그럴 일이 없음을 명심하자.

　　　　기본적으로 앙트레-플라-데세르로 구성이 되어 있는데, 풀코스로 주문을 해도 되지만, 흔히들 앙트레-플라 또는 플라-데세르를 시킨다. 그러나 이것도 무슨 에티켓이 있는 게 아니다. 프랑스 사람들도 플라 하나만 먹기도 하고, 배가 부르면 앙트레 하나만 먹고 나오기도 한다.

아니면 앞에서 말한 포르뮐이나 므뉘라는 세트메뉴를 시켜도 된다. 단품으로 시키는 것보다 더 저렴한 선택이다. 괜찮은 식당에서는 셰프가 가장 자신 있는 음식으로 구성하기 때문에, 만약 5코스로 이루졌다면 그중 하나는 못 먹을 각오로 시키면 된다. 그렇다고 포르뮐이 반드시 최고의 구성은 아니다. 고급 레스토랑이라도 점심에는 대부분 한정된 메뉴만 내놓으니, 그것들로만 구성하는 경우도 있기 때문이다.

그밖에 머뭇거릴 수 있는 것들이 뭐가 있을까? 와인? 꼭 시킬 필요가 없다. 마시기 싫으면 안 시키면 그만이다. 원한다면 잔으로 시켜도 되고, 일종의 피처인 피셰pichet로 주문해도 상관없다. 우리 식의 하우스와인이지만 마실 만하다. 프랑스 식당에서는 와인리스트가 아주 짧은 게 일반적이다. 오히려 같은 와인의 여러 빈티지를 갖다놓는 경우가 많다. 그리고 공짜로 나오는 빵(주로 썰어놓은 바게트)은 제발 처음부터 너무 많이 먹지 말자. 바게트는 어디서 먹어도 한국보다 맛이 좋지만, 식당에 빵을 먹으러 간 것은 아니니 말이다.

끝으로 이것만은 알아두자. 프랑스에서 음식과 와인은 실패할 확률이 거의 없다. 설령 좀 바가지를 쓴 것 같다 해도 말이다. 그러니 본능을 믿고 마음 편하게 주문하시길.

게으른 여행자들을 위한 메뉴판 주요 단어

agneau 어린 양

bifteck 스테이크

boeuf 쇠고기

boudin 프랑스 식 순대

bouillon 부이용, 수프

brochette 꼬치구이

calmar 오징어

canard 오리

cassoulet 스튜

cèpe 송이버섯

champignon 버섯

confit 오리나 거위를 자체 지방으로
　　　　굳힌 것

côte 갈빗살

crevette 새우

dinde 칠면조

écrevisse 민물가재

entrecôte 티본

escargot 달팽이

faux-filet 등심(뼈 없는)

filet-mignon 안심

foie 간(foie gras 푸아그라)

fruit de mer 해물

grenouille 개구리

homard 바닷가재

huître 굴

jambon 햄

lapin 토끼

lièvre 산토끼

morue 대구

moule 홍합

moutton 양

oie 거위

oignon 양파

poisson 생선

pomme 사과

pomme de terre 감자

porc 돼지

potage 포타주, 걸죽한 수프

poulet 닭

quenelle 고기 완자

saucisson 소시지

saumon 연어

tartare 날고기를 다진 양파와 달걀
　　　　노른자와 섞은, 우리 식 육회

thon 참치

veau 송아지

volaille 가금류

테이블
에티켓이라는
스트레스

예전에는 테이블 에티켓이라는 게 교과서에 실린 적도 있었다. 양식을 먹을 때 테이블 위에 놓인 여러 개의 포크와 나이프와 접시를 어떻게 사용하는지를 가르쳐주는 것이다. 물론 일반적으로 정찬이라면 포크와 나이프는 처음에 놓인 위치를 기준으로 밖에서부터 안으로 차례차례 쓰면 된다. 또한 작은 잔이 술잔이고 큰 잔이 물잔인 곳이 많다. 하지만 음식은 즐기는 것이지 공부하는 게 아니다. 내가 강조하고 싶은 말은 이 한 마디다. 조금만 뻔뻔해지면 더 행복해진다.

술잔과 물잔의 구분도 이제는 식당마다 달라졌다. 쓸 필요가 없는 포크나 나이프는 알아서 웨이터가 챙겨가니 스트레스 받을 일도 아니다. 설령 다른 것을 쓰면 어떤가. 여행을 가면 여행자의 마음가짐으로 음식을 대해야 하지 않겠는가. 외국인들이 젓가락질 못하는 게 흉이 아니듯, 절대 주눅들 필요 없다. 셰프인 나도 종종 실수를 하고, 프랑스 사람들도 먹다 흘리고 떨어뜨리면서 웃음보가 터지기도 한다. 접시 밖으로 흘린 음식도 먹을 수 있다. 단 테이블만 깨끗하다면 말이다. 결국 필요한 것은 '공공장소에서의 기본적인 예의'일 뿐, 수학 공식 같은 테이블 에티켓은 중요하지 않다.

　　다만 몇 가지 주의할 점은 있다. 신발은 아무리 샌들이라도 벗으면 안 된다. 집에서도 신발을 벗지 않는 서양인들에게 발로 하는 장난은 상상도 못 할 만큼 불쾌한 일이다. 그리고 테이블 위에 놓여 있는 냅킨은 무릎에 깔고 음식을 흘리는 것을 막는 것이지, 흘린 음식을 닦아내는 행주가 아니다. 음식이 입가에 묻었다면 가볍게 톡톡 두드리면 된다. 종이냅킨이나 물수건 쓰듯이 쓰면 안 된다. 그런 용도의 냅킨이 필요하면 아예 종이냅킨을 달라고 해야 한다. (우리 가게에서도 가장 두려운 것은 아줌마들의 립스틱이다. 부디 식사를 마치고 냅킨으로 아예 립글로스를 정리하지는 말아주시길.)

　　한국 사람들이 프랑스의 식당에 처음 가게 되면, 아마도 가장 놀라게 되는 점은 한국의 식당들과는 너무나 다른 직원들의 서비스 태도일 것이다. 한국의 식당들은 '손님은 왕'이라는 문구가 말해주듯이 손님에게는 친절한 태도로 대해야 한다는 기본 명제를 깔고 있다. 자신이 돈을 지불하는 한 과도할 정도의 친절한 서비스를 받는 것이 당연하다고 생각하는 한국 손님들은 식당에서의 사소한 불친절에도 항의를 하거나 쉽게 불만을 털어놓는 편이다.

　　하지만 프랑스 식당들은 전혀 다르다. '손님이 왕'이라는 생각은 식당을 찾는 손님들에게도, 식당의 셰프나 직원 누구에게도 없다. 요리에 대한 필요한 정보를 제공하고, 정확하게 주문을 받아 제대로 음식을 서빙하는 것 이상의 친절은 필요하다고 느끼지 않는다. 손님들은 사근사근한 태도와 허리를 굽히는 친절은 아예 바라지도 않을뿐더러, 그들과 문제가 생길 경우 좋은 음식을 제대로 즐기지 못하는 손해는 고스란히 자신의 몫이라는 점을

LES BOUQUINI
ANT AVEC GUY SAVOY

잘 알고 있는 것이다.

　　처음 라싸브어를 열었을 때 나도 이런 인식의 차이 때문에 꽤 애를 먹었다. 주문한 그대로 말 없이 내오기보다는 '오늘은 이 재료가 좋지 않으니 저걸 드시라.'고 강하게 의견을 주장하는 나의 모습에 불쾌함과 황당함을 느끼는 손님들이 많았던 것도 사실이다. 지금은 되도록 최고 상태의 음식을 제공하는 것이 최상의 서비스라는 내 지론을 많은 분들이 감사하게도 이해해주시고, 오히려 어떤 손님들에게는 그것이 라싸브어를 찾는 이유가 되기도 한다.

　　그러니 파리의 식당에 들어가서 아무리 불러도 손 한 번 흔들고 오지 않는 웨이터들에게 상처받거나 짜증내지 말자. 한국인의 입장에서 보면 느리고 불친절하다고 느낄 수는 있다. 사실 인건비가 비싸기 때문에 식당마다 많은 직원을 고용하지는 않는다. 하지만 웨이터가 되기 위해 고등학교 때부터 나름 서비스 교육을 수료한 사람들이다. 어쨌든 부르면 오긴 온다. 자기 나름대로 순서를 정해놓고 있을 뿐이다. 우리가 외국인이라서 일부러 무성의한 것은 아니다. 가끔 성질 급한 프랑스 사람들도 큰 소리로 항의하기도 하니까 말이다. 그래도 여행을 갔으면 여유를 가지고, 프랑스 식으로 느긋하게 기다려보는 게 어떨까.

　　프랑스어를 전혀 몰라도, 식당에서 꼭 알아두면 좋을 간단한 프랑스어가 있다면, 실 부 플레S'il vous plaît와 라디시옹L'addition, 이 두 마디. 실 부 플레는 영어의 플리즈please 또는 익스큐즈 미excuse me 정도의 뜻이라서, 웨이터를 부를 때도 실 부 플레, 물을 더 달라고 할 때도, 물잔을 가리키며 실

부 플레 하면 된다. 라디시옹은 계산서라는 뜻이다. 우리처럼 카운터에서가 아니라 자기 자리에 앉아서 계산을 하는 문화인 프랑스에서는 계산서를 갖다달라고 하지 않으면 끝끝내 안 가져올지도 모른다. 나가기 전에 "라디시옹, 실 부 플레!" 한 마디 해보자. 계산하려고 일어나서 카운터로 가면 자기들이 큰 실수라도 해서 그런 줄 알고 안절부절못할지도 모르겠다.

그리고 팁은 안 줘도 상관없다. 프랑스에서는 법적으로 팁이 계산서에 다 들어가 있다. 정말 맛있게 잘 먹었다면, 서비스를 잘 받았다면, 테이블 위에 1유로 정도 놓고 가면 뿌듯하겠다.

그래도
프랑스 요리는
와인과 함께

내가 좋아하는 술은 물론 와인이다. 그중에서도 프랑스 와인을 즐기고, 식당에서도 프랑스 와인만 내놓는다. 그런데 셰프가 아닌 손님으로서, 포도 품종, 산지, 그리고 빈티지 등등에 따라 셀 수도 없이 많은 와인 중 적당한 것을 고른다는 것은 어려운 일이다. 어떤 와인을 어떤 때에 마시면 좋은지, 공식이 있을까? 이 질문에 대한 정답을 줄 수 있는 이는 없다. 어떤 소믈리에라도 가이드라인을 뽑아내고, 선택의 폭을 최대한 좁혀주는 역할을 할 뿐이다. (프랑스 현지에서도 비싼 식당이 아니면 소믈리에를 만나기 어렵다.) 왜냐하면 와인은 정답이 없는 술이기 때문이다. 좋은 와인을 감별하는 여러 가지 기준들이 있지만, 결국 내가 어떤 와인에 감탄하는가, 어떤 와인이 지금 이 순간의 나에게 가장 좋은가 하는 문제는 객관적인 수치나 기준들이 아니라 바로 그 순간 나 자신의 기분과 감성이 결정하는 것이다.

하지만 명색이 프렌치 셰프로서 "그냥 알아서 기분에 따라 결정하시면 최선입니다."라고 매번 답할 수는 없는 일. 늦은 밤, 힘든 일과 후 서서히 나를 해체해가며 마시는 와인 한 잔을 선택하는 기준은 될지 몰라도, 비싼 프랑스 레스토랑에서 간만에 멋진 식사를 하려는 손님에게 드릴 대답은 아

닌 것 같다. 음식과 맞는 와인을 고르는 데 가장 먼저 결정해야 할 기준은 음식과 와인 중 어느 쪽에 중점을 둘 것인가 하는 점이다. 식사를 위한 것이라면 당연히 음식을 먼저 선택한 후 셰프나 와인 소믈리에와 상의하는 것이 가장 좋은 방법이다.

레드와인은 고기와 마셔야 하고, 화이트와인은 생선과 가장 궁합이 잘 맞는다는 공식은 더 이상은 무의미하다고 봐도 무방하다. 이런 단순한 이분법으로 가르기엔 세상에는 너무나 많은 식재료와 그에 따른 조리법, 그리고 나날이 발전하고 있는 와인 제조기술과 다양한 와인들이 있기 때문이다. 다음은 선택한 음식에 따라 와인을 고를 때 염두에 두면 좋은 몇 가지 요소들이다.

플라의 맛과 향

단품 요리가 아니라 코스 요리를 선택한 경우 다양한 맛과 향이 있을 수 있다. 이때는 가장 중요한 맛이나 플라의 맛과 향을 고려해 와인을 선택한다.

진한 소스를 곁들인 스테이크라면 보르도 풀바디의 와인이 가장 좋은 선택이 되겠지만, 소스가 없는 스테이크라면 부르고뉴 와인이 더 좋은 조화를 이룬다. 샐러드가 주요하게 곁들여지는 스테이크라면 샤르도네 와인과도 함께 마실 수 있다. 덥고 무더운 밤이라면 샤르도네가 더욱 좋은 선택이다.

요리 재료의 질감

음식의 질감 또한 와인을 선택하는 데 절대 빠질 수 없는 요소다. 소스에 따라 레드와인이 생선과 더 잘 어울릴 수도 있는데, 재료 자체의 식감이 진한 연어, 참치, 상어 등 기름기가 풍부한 생선들은 레드와인 쪽이 더 풍미를 살려주는 선택이 될 것이다. 소스 없이 담백하게 조리한 생선은 가볍고 젊은 화이트와인이 잘 어울리며, 적절히 에이징이 진행된 샤르도네 품종의 풀바디 화이트와인은 육류가 들어간 스튜나 카술레처럼 맛이 진한 요리에 탁월한 선택이 될 것이다.

와인의 산도

음식이 직설적인 맛을 가지고 있는 경우, 예를 들어 오렌지 소스의 오리 가슴살 요리, 식초 드레싱의 샐러드 같은 경우는 산도가 뛰어난 젊은 와인과의 결합이 좋다. 그렇지 않다면 자칫 와인의 맛과 향이 음식에 묻히는 경우가 생긴다. 반대의 경우로 강한 산도를 지닌 와인을 크림 파스타와 같은 요리와 매치시킨다면 이 경우에는 음식의 맛이 묻히게 된다. 따라서 음식과 와인의 산도가 적절히 조화를 이룰 수 있도록 선택하는 것이 중요하다.

와인의 에이징

화이트와인은 2년에서 5년 사이가 가장 무난한 에이징 기간인데, 소비뇽 블랑의 경우 3~4년, 샤르도네는 5~6년이 됐을 때 가장 그 품종다운 풍미를 자아낼 수 있다. 레드와인은 상대적으로 에이징 기간이 긴 편인데 특히 보르도 와인의 경우는 최소 10년 정도 필요하다. 개인적으로 10년 정도 된 레드와인이 적당한 가격으로 나와 있는 것을 보면 언제든 망설이지 않고 구입해둔다.

하지만 이 역시 복잡해서 요리를 즐기는 데 방해가 된다면? 모두 잊어도 좋다. 예산에 맞춰서 입맛대로 레드나 화이트를 고르면 그만이다. 맛있는 음식에 행복해하기에도 짧은 시간 아닌가.

좀더 편하게
와인
#　　즐기기

하루 일정을 마치고 숙소에 가기 전에, 카페에서 가볍게 맥주 한잔하는 것도 좋겠지만, 이왕 파리에 갔다면 와인을 좀더 경험해보자. 직접 와인을 사보는 재미도 느끼고 저녁때 숙소에 돌아가 친구들과 함께 또는 혼자서 와인 한잔으로 피로를 풀어보길 추천한다.

프랑스에서 와인은 정말 쉽게 살 수 있다. 와인 전문숍도 곳곳에 있지만, 숙소 근처 어느 슈퍼마켓에 가도 매장의 한쪽 벽면에 한가득 와인병이 진열되어 있을 정도다. 단, 숙소 가기 전에 미리 사놓을 것. 밤새도록 열려 있는 편의점 같은 것은 아예 없고, 큰 슈퍼마켓도 저녁 무렵이면 문을 닫으니 눈에 띌 때 사놓는 게 편하다.

그런데 와인이 너무 많아 오히려 뭘 골라야 할지 막막해지기도 한다. 그럴 때는 너무 어렵게 생각하지 말자. 식당에서 메뉴를 고를 때도, 슈퍼마켓에서 와인을 고를 때도 첫번째로 생각해야 할 것은 예산이다. 10유로 대 와인이라면, 크게 불만이 없을 만한 맛이다. 사실 상표에 찍힌 AOC(Appellation d'Origine Contrôlée, 원산지 표기 통제) 등급에 너무 얽매일 필요도 없다. 흔히 싼 술이라고 알려진 뱅 드 타블vin de table은 슈퍼에서 1~5

유로면 살 수 있지만, 그렇다고 질이 떨어진다고는 볼 수 없다. 주로 소매보다는 식당으로 바로 들어가는 것이긴 해도 AOC 등급이나 그랑 크뤼grand cru(특급 포도원) 인증을 거부하는 뱅 드 타블도 있다. 게다가 카페의 하우스 와인은 거의 뱅 드 타블인데도, 즐기는 데 부족함이 없지 않은가.

샴페인으로 알려진 스파클링와인은 30유로 대면 괜찮은 맛을 누릴 수 있다. 우리에게도 유명한 랑송Lanson은 20유로 대에서 구입 가능하다. 샴페인은 전세계적으로 가격이 거의 비슷한데, 9월 '와인 대방출' 시기가 되면 프랑스 사람들도 파티를 위해 사재기를 하기도 하니 그즈음 파리를 방문하는 여행객들은 한두 병 사보는 것도 좋겠다.

　와인숍은 점원에게 추천을 해달라고 하기에 좋은데, 와인을 살 때 다음과 같은 방법을 알아두면 편하다. 1) 예산부터 정한다. 그런 다음 차례대로 무엇을 원하는지를 말한다. 2) 레드냐 화이트냐, 3) 단맛이냐 쓴맛이냐, 4) 큰 사이즈냐 작은 사이즈냐, 5) 무거운 맛이냐 가벼운 맛이냐. 프랑스에서는 거의 다 프랑스산 와인이니 단맛은 드물지만, 이 정도로만 얘기해도 알아서 몇 병을 선보일 것이다.

　셰프의 입장에서는, 맛보고 싶은 게 너무 많아서 스트레스이긴 하지만, 프랑스 음식을 고를 때와 마찬가지로 와인을 선택할 때도 스트레스 받지 말길. 앞서 말했듯이 크게 실패하는 경우는 드물기 때문이다.

　가격도 중요하지만 마시는 방법에 따라서도 맛이 달라질 수 있다. 숙소에서 맛있는 와인을 마시기 위한 팁 하나. 점심때쯤에 사두었다면 마개를 열어두시라. 살짝 공기와 접촉시켜 산화를 일으키는 것이다. 물론 레드와인의 경우만 해당된다. 화이트와인은 반드시 냉장보관할 것.

　마지막으로 조리가 가능한 숙소(레지던스나 스튜디오)에 장기간 머물게 될 여행자라면, 직접 해먹는 요리에 맞는 와인을 고르게 될 경우도 있을 것이다. 그럴 때는 식당에서 와인 주문 할 때의 기준들을 한 번쯤은 생각해보면서, 우선 자신이 하려고 하는 요리의 종류와 재료, 요리 과정을 꼼꼼히 체크해보자. 그리고 음식을 마무리를 할 때 곁들이려고 준비한 와인을 살짝 요리에 넣어주면 향과 맛에 일관성을 주기 때문에 요리와 와인이 어울릴 수 있다. 물론 음식의 맛도 자연스레 더 좋아진다.

치즈의
천국에서
길을 잃다

프랑스 사람들에게서 떼려야 뗄 수 없는 음식을 단 하나만 떠올리라면, 프로마주fromage, 즉 치즈가 아닐까 한다. 프랑스 요리에서 앙트레, 플라, 데세르를 가리지 않고 어디에나 사용되는 식재료이면서 경우에 따라서는 그 자체로 코스 요리의 한 단계를 구성하기도 한다. 우리나라의 어떤 음식에나 김치를 넣으면 또 하나의 새로운 요리가 되는 것처럼, 프랑스의 치즈 역시 마찬가지인 셈이다.

일찍이 프랑스의 방대한 치즈 종류를 빗댄 격언은 수없이 많았지만, 아마 그중에서도 가장 유명한 것은 드골 장군의 탄식 어린 발언일 것이다. "246종류의 치즈가 있는 나라를 어떻게 다스린단 말인가." 물론 이는 치즈의 종류만큼이나 제각각 다양한 의견을 주장하는 프랑스인들의 정부를 이끌어가는 데 대한 골치 아픈 심경의 토로였겠지만 드골 장군이 현재까지 살아 있었다면 그 탄식은 더 깊어졌을 것 같다. 그의 시대가 몇 십 년 지난 지금 프랑스의 치즈 종류는 더 많아졌기 때문이다. 우리나라의 김치 종류만큼, 아니 솔직히 그것보다 훨씬 더 많은 프랑스의 치즈를 다 알 수는 없지만 대략 기본적인 것만 알아두어도 식당에서 메뉴판을 볼 때 덜 막막하고, 슈퍼마켓이나 재래시장에서 장을 볼 때 더 재미있을 수 있다.

　　프랑스의 치즈들을 대략적으로 분류할 수 있는 기준과 대표적인 치즈 몇 가지만 살펴보기로 하자. 치즈를 나누는 기준은 일단 제조 과정에 따라 연성, 경성 치즈로 나눌 수 있고, 쓰이는 재료에 따라 소젖, 염소젖, 그리고 산양젖으로 만든 치즈로 분류할 수도 있다. 여기서 다시 농장에서 소규모로 만드는 치즈와 공장에서 대규모로 생산되는 치즈, 와인에도 적용되는 AOC 등급이 적용되는 치즈와 그렇지 않은 치즈 등 구별법만 해도 복잡하지 않을 수 없는 것이 치즈의 세계다.

경성 치즈

가장 오랜 제조 기간을 거치는 치즈. 주로 산악 지방에서 월동 식량으로 만들기 시작한 치즈들이 그 시초다. 딱딱하고 노란 껍질이 있는 치즈가 대부분이다.

캉탈cantal: 오베르뉴 지방의 대표적인 경성 치즈. 영국의 체다 치즈와 상당히 흡사한 맛과 질감이다. 역사가 2천 년이 넘는다는 프랑스 치즈의 원조.

콩테comté: 가장 대중적이고 대표적인 프랑스 치즈 중의 하나로, 스위스 산 치즈인 그뤼에르gruyère의 프랑스 버전이라고 보아도 될 정도로 흡사하다. 프랑스 콩테 지역 밖에서 생산되어 콩테 AOC를 받지

못한 이 종류의 치즈들은 모두 그뤼에르로 분류된다.

에망탈emmental: 치즈, 하면 가장 먼저 떠오를 구멍이 숭숭 난 노란 치즈가 바로 에망탈이다. AOC의 통제가 없는 까닭에 프랑스 서부의 광범위한 지역에서 생산된다.

연성 치즈

수백 가지의 연성 치즈가 있으며, 대부분이 그 지역의 특산물로 분류되어 AOC 관리를 받는다. 생산 기간이 경성 치즈보다 짧으며, 보관 기간 역시 짧다. 신선한 상태로 먹어야 하는 치즈들이 많다.

브리brie: 하얀색 껍질이 부드럽고 크림 같은 속을 둘러싸고 있는 대표적인 연성 치즈. 향과 맛이 그다지 강하지 않으면서도 풍부함은 제대로 즐길 수 있다.

카망베르camembert: 노르망디 지역에서 생산되는 연성 치즈. 세계적으로 가장 잘 알려져 있는 프랑스 치즈. 생긴 것은 브리와 마찬가지로 하얀색 둥글넓적한 모양이지만, 브리보다 훨씬 향이 강하고 덜 찐득하다. 치즈의 강한 향을 즐기는 이들이라면 브리보다는 카망베르를 추천한다.

블루치즈

치즈 자체가 발효 과정을 거친 식품이지만, 거기에 푸른곰팡이까지 더해진 맛과 향이 한층 강한 치즈들.

로크포르roquefort: 가장 잘 알려진 프랑스 블루치즈. 산양젖으로 만드는 치즈로 기원은 중세시대까지 거슬러 올라간다. 프랑스의 로크포르에서 생산되어 전세계로 수출된다.

한국에서는 와인의 안주로 치즈를 많이 찾는데, 사실 프랑스에서는 '와인에 치즈 안주'라는 건 존재하지 않는다. 일반적으로 치즈는 데세르 대용이라서, 레스토랑에서는 치즈와 데세르 중 하나를 고르게 하는 경우가 많다. 그럼에도 '와인에는 무조건 치즈'라는 분들을 위해 몇 가지 기본적인 특징들을 짚어보자면, 단맛이 강한 화이트와인은 치즈보다는 신선한 샐러드가 낫지만, 드라이한 화이트와인이라면 부드러운 치즈를 고르는 게 좋다. 레드와인은 치즈와 꽤 잘 맞는 조합이지만, 너무 강한 맛의 치즈라면 와인은 좀 가벼운 바디가 어울린다. 하지만 뭐니뭐니해도 결국 각자의 입맛에 가장 잘 맞는 것을 고르라는 평범한 진리로 귀결된다.

바게트는 불랑주리에서,
마카롱은
파티스리에서

어쩌면 카페보다 더 많이 파리 골목골목마다 자리잡고 있는 것은 빵집일 것이다. 식사시간만 되면 빵집에 길게 줄을 서 있는 그들의 일상을 엿볼 기회가 없더라도, 환기통을 사람의 코높이로 설치해서 잔인하게(?) 고소한 냄새를 퍼뜨리는 빵집을 그냥 지나칠 수 있는 여행자는 없을 것이다.

그런데 우리가 보기엔 같은 빵집이지만 다른 이름을 걸고 있는 경우도 있다. 가장 대표적인 것이 불랑주리인데, 우리에게 알려진 '파티시에'라는 직업과 관련된 파티스리도 있으며, 또 비에누아즈리라고만 써붙인 곳도 있다. 어떻게 다를까?

불랑주리 boulangerie

바게트, 크루아상, 팽 오 쇼콜라, 그리고 여러 잡곡빵 등 프랑스, 하면 떠올리는 빵들을 만날 수 있는 빵집. 파리 곳곳에 있는 가게들이 바로 이 불랑주리다. 빵과 디저트의 경계에 있는 달콤한 빵들이 포함되기도 한다. 보통 아침 일찍 영업을 시작해서 오후 일찍 빵이 떨어지면 문을 닫는 곳들이 많다.

간혹 밤늦은 파티를 마치고 새벽녘에 귀가하다보면 그때 이미 문을 연 불랑주리를 심심치 않게 마주칠 수 있다.

파티스리 pâtisserie

빵을 제외한 디저트를 위주로 파는 곳. 마카롱이나 타르트도 여기서 판다. 파티시에라고 알려진 사람들이 바로 파티스리의 셰프다. 한두 종류의 기본적인 빵들을 팔기는 하지만 '빵은 불랑주리에서, 디저트는 파티스리에서'라고 생각하면 된다. 물론 이 두 가지를 다 제대로 하고 있는 곳들도 간혹 있다. 요즘 한국에서 젊은 아가씨들이 즐겨 찾는 '디저트 카페'는 파리에는 딱히 없는데, 테이블을 두고 카페처럼 운영되는 파티스리나 '살롱 드 테salon de thé'라는 찻집을 찾아가야 한다.

비에누아즈리 viennoiserie

밀가루 반죽을 종잇장처럼 얇게 펴서 차곡차곡 쌓은 퍼프 페이스트리puff pastry 종류의 빵, 또는 기존의 빵에 달걀, 버터, 크림 등을 추가해서 더 부드럽게 만든 빵을 파는 곳. 요즘에는 특별한 구분은 없어서, 그냥 불랑주리와 같은 곳이라고 보면 된다.

프랑스에도 폴Paul 같은 제과 체인점이 있긴 하지만, 아직까지 대세는 동네마다 즐비하게 들어선 작은 가게들이다. 일종의 프랑스 공식 장인인 MOF(Meilleur Ouvrier de France)를 보유한 경력 20~30년의 불랑제(블랑주리의 셰프)나 파티시에가 동네 빵집에서 일하기도 한다. 그만큼 빵은 프랑스 사람의 일상이자 주식인 셈이다. 특히 바게트 가격은 에스프레소 커피와 함께 마치 우리나라의 짜장면, 라면, 김밥처럼 정부에서 직접 관리하는 항목이다.

프랑스는 서양의 다른 나라에 비해 식사 때 빵이 차지하는 비중도 높은 편이다. 가끔은 한국 사람들의 밥과 비교할 수 있지 않을까 싶은데, 한국에서 식사시간에 아이들에게 밥은 남기지 말고 비우라고 하듯이, 프랑스 부모들도 빵은 마저 다 먹으라고 한다. 찬밥을 활용해서 여러 가지 음식을 만드는 것처럼, 오래된 빵을 활용하는 방법도 많다. 이를테면, 오래된 바게트는 버터를 발라 타르틴tartine으로 먹고, 깍둑썰기로 크루통croûton을 만들어 어니언 수프 위에 올리기도 한다.

내가 프랑스를 그리워하는 가장 큰 이유 다섯을 꼽으라면 그중 하나가 바게트다. 프랑스 전역에서 먹을 수 있는 프랑스 국민빵 바게트는 한국에서 먹는 바게트와 이름만 같을 뿐이다. 파리에 갈 때마다 성지순례하듯 불랑주리를 돌면서 본토의 바게트 맛을 보는 재미도 쏠쏠하다. 처음 먹으면 입천장이 벗겨질 만큼 바삭하지만, 한번 맛을 들이면 일부러 그 바삭한 맛을 찾게 된다. 바게트에도 소금과 설탕이 들어가서 간이 다 돼 있기 때문에, 빵 그 자체를 즐기는 게 좋다. 버터를 바르더라도 무염버터를 바르는 게 맛과 칼로리를 고려하는 방법이다. 밥보다 빵을 더 좋아하는 나는 아침에는

크루아상 같은 페이스트리를 먹고, 점심에는 바게트 샌드위치, 저녁에는 식
사용으로 나오는 속이 꽉 찬 호밀빵을 먹곤 하지만, 그래도 나에게 으뜸은
바게트다.

카페라고 쓰고
여유라고
읽는다

이제 우리도 흔히 쓰는 말이 된 카페café는 프랑스어로는 마시는 커피의 뜻과, 그 커피를 마실 수 있는 공간인 커피숍의 뜻을 동시에 가지고 있다. 어찌 보면 카페라는 말은 음료와 공간을 지칭할 뿐 아니라, 그 둘이 함께 어우러진 어떤 분위기를 뜻하는지도 모르겠다.

거의 매일 화창한 남프랑스와는 달리 여름 한 계절만 빼면 스산한 날씨로 악명 높은 파리에서 반갑게도 해가 환하게 들면, 볕 좋은 '카페' 테라스는 파리지앵과 관광객 들로 넘쳐난다. 공연장의 객석처럼 거리를 향해 줄 맞춰 앉아 한가롭게 '카페'를 마시는 사람들을 보면, 그들이 즐기는 '카페'란 '여유'와 동의어가 아닐까 싶다. 터키에서 전래된, 쓰다고 천대받던 '카페'가 파리에서 사랑받게 된 것도 문학이 꽃피던 시절 생 제르맹 데 프레의 '카페'들 덕분이라니, '카페'는 프랑스 문화의 당당한 일부인 셈이다.

웬만한 곳은 맘먹으면 걸어다닐 수 있을 만큼 '작은 대도시' 파리에서 지친 다리를 쉬어가는 가장 좋은 방법은 카페에서 커피 한잔하는 것이다. 카페는 그렇게 격의 없이 편한 마음으로 들르는 곳이다. 런던에 가면 펍pub을 즐겨야 하듯, 파리에서 카페를 다니지 않는다면 파리의 속살을 보았다고 할 수 없을 것이다.

　앞서 말했듯, 카페에서는 커피뿐만 아니라 거의 모든 음료를 판다. 각종 맥주와 와인, 탄산음료, 미네랄워터까지 한국의 카페보다 더 다양하고 대중적인 메뉴를 갖추고 있다. 그중 무엇보다도 한 번쯤 맛봐야 할 것이 파리의 커피, 에스프레소다. 카페에서 굳이 에스프레소라고 하지 않고 '카페'를 달라고 해도, 무조건 에스프레소가 나온다.

　핸드드립 커피가 대세인 지금, 나는 서울에서도 에스프레소만 고집할 정도로 파리의 에스프레소 매니아였다. 커피의 궁극은 에스프레소라고 생각한다. 만족스럽게 코스 요리를 마치고 마시는 에스프레소 한 잔이야말로 파리를 찾는 여행자라면 느껴봐야 할 뿌듯함이다. 에스프레소는 진하지만 양이 적은 만큼 카페인 양도 적으니 저녁때라도 한 잔쯤은 별 무리가 없다. 한 잔에 2유로 동전 하나면 되니, 환율을 따져봐도 비싼 가격이 아니다.

　그러면 프랑스에도 아메리카노가 있을까? 관광지 근처의 스타벅스 같은 곳이 아니면, 프랑스 식 카페에서는 에스프레소보다 연한 커피인 카페 알롱제café allongé나 크림이 들어간 카페 크렘café crème이 있지만 한국에서 흔히 보는 커피잔 정도의 양일 뿐이다. 테이크아웃 커피 문화가 거의 없는 프랑스에서는 일회용 컵을 들고 다니는 사람보다는 출근길 카페에 들러 바에 서서 에스프레소 한 잔을 마시는 사람들이 더 눈에 많이 띈다.

　파리 여행 중에 카페에서 커피 한 잔의 여유도 누리지 못했다면, 파리를 제대로 느끼지 못한 것이다. 프랑스 요리처럼 천천히 음미하고 많은 이야기를 나누는 파리지앵의 문화가 카페에도 맞닿아 있기 때문이다.

우리가
몰랐던
프랑스 요리들

우리가 자주 먹거나, 이름이라도 들어본 프랑스 요리들에 알려지지 않은 탄생 설화가 있다. 전세계에서 가장 대중적인 음식 중 하나인 감자튀김, 프렌치 프라이french fries는 그 이름대로 프랑스에서 처음 먹기 시작한 음식이다 (프랑스에서는 프리트frites라고 한다). 18세기까지만 해도 감자는 유럽에서 즐겨 먹는 음식이 아니었다. 땅에서 나는 검고 흉측한 식물이라는 편견 때문에 종교적인 이유에서 먹기를 꺼려했던 것. 수확량이 풍족하니 왕실과 정부에서 아무리 감자 먹기를 장려해도 서민들은 주저했다. 이러니 왕실에서 감자 먹기의 솔선수범을 보일 수밖에 없었던 것이다. 하지만 처음 생겨날 때의 프렌치 프라이는 지금처럼 얇고 길쭉한 모양새가 아니라, 더 넓고 두툼한 모양새였다. 폼 퐁 뇌프Pomme Pont Neuf라고 불렸던 이 감자튀김은 말 그대로 퐁 뇌프Pont Neuf 다리의 기둥을 닮았다 해서 붙여진 이름이었다. 감자를 미리 한 번 튀겨놓았다가 식탁에 내기 직전에 다시 잠깐 튀겨내는 방법도 사냥을 나간 왕이 돌아오는 시간을 맞출 수 없어 요리사가 생각해낸 것이라 한다.

또 다른 대표적인 프랑스 음식인 프렌치 어니언 수프French onion soup

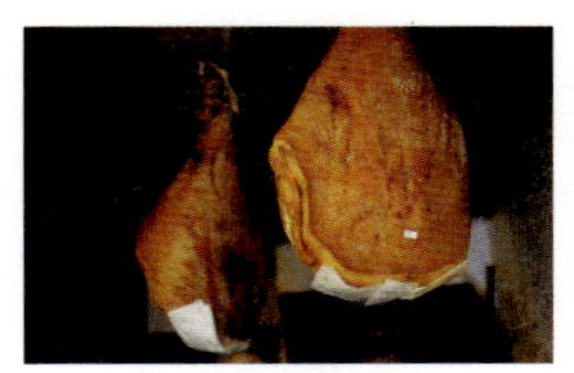

에도 이야기가 있다. 현재 파리에서 대표적인 쇼핑 문화 복합 공간인 포룸 데 알Forum des Halles이 들어서 있는 레 알Les Halles 지역은 17, 18세기만 해도 빈민굴의 노천시장 자리였다. 이곳이 바로 지금의 프랑스 식 양파 수프 soupe à l'oignon의 탄생지. 당시 파리에서 가장 큰 시장답게 양파, 쇠고기, 치즈 등 각종 식료품을 파는 상인들이 노천에 줄지어 있었다. 처음에는 쇠고기를 팔고 남은 자투리 고기와 뼈를 가지고 국물만 끓여내던 것에, 옆자리의 치즈 상인이 남은 치즈를 넣고, 빵도 넣고, 개중에 값싸고 양이 많은 재료였던 양파를 넣는 등, 자신들이 가지고 있던 남은 식재료를 활용해서 수프를 만든 것이 시초라는 설이 가장 설득력 있게 전해지고 있다. 하지만 아이러니하게도 가장 서민적인 요리였던 프렌치 어니언 수프를 일반 프랑스 식당에서 제대로 끓여내기란 쉽지 않다. 소뼈를 오래오래 삶아 국물을 내고, 양파가 캐러멜 색을 띨 때까지 몇 시간이고 약한 불에서 뭉근하게 졸여내야 하며, 그 위에 제맛을 더할 수 있는 치즈까지 얹어야 한다.

이와 비슷하게 프랑스 제1의 항구 도시인 마르세유의 명물이자 프랑스 식 해물탕인 부야베스 역시 어부들이 팔고 남은 생선과 해산물을 이것

저것 손에 잡히는 대로 넣고 끓여냈던 것이 그 원조. 따라서 지금도 부야베스에는 100퍼센트 정확한 조리법이란 존재하지 않는다.

알려지지 않은 요리와 식재료도 있다. 팡테옹Panthéon 뒤 옛날 시장 무프타르Mouffetard에서는 개구리 뒷다리를 맛볼 수 있고, 레 알 근처는 돼지 족발도 유명하다. 동네 정육점 부슈리boucherie에서는 말고기, 토끼고기는 물론 소의 뇌를 팔기도 한다. 소시지, 테린, 파테paté 등의 육류 가공품을 파는 샤르퀴트리charcuterie에서 살 수 있는 일종의 순대인 부댕boudin의 종류만 해도 수십 가지다. 꿩, 멧돼지, 산양, 비둘기도 찾아볼 수 있다. 파리에 살던 시절, 나는 오며가며 단골 부슈리를 들르는 습관이 있었다. 좋은 고기는 미리 주문을 했는데, 가끔씩 좀 특별한 건 없는지 주인에게 물어보면, 다음날 스트라스부르에서 말린 안심이 들어온다고 귀띔을 해주곤 했다.

맛에서만큼은 모험심이 강한 여행자라면 평범한 음식은 평범한 대로, 특이한 음식은 특이한 대로 파리 현지에서 한번 도전해보길 바란다. 프렌치 어니언 수프만 해도 한국에서 어렵지 않게 접할 수 있지만, 셰프인 나도 정석대로 내놓기가 꺼려질 때가 있기 때문이다. 이렇게 시간과 노력을 들여 본토의 맛대로 내놓으면 손님들의 십중팔구는 고개를 갸우뚱한다. '내가 아는 맛은 이게 아닌데?' 양식에 익숙한 손님들조차 패밀리 레스토랑의 수프 맛에 너무 길들여진 것이다. 달달하면서도 텁텁한 그 수프에 이미 익숙해진 입맛에는 상대적으로 담백한 국물에 치즈만 올려진 본토식 수프가 오히려 뭔가 모자란 맛인 셈이다.

Paté en croûte
Lapin/Noisette
26/ kg.

Paté croûte
Tomate

한 끼
정도는
가볍게

프랑스 사람들이라고 몇 시간씩 정찬을 하는 것만은 아니다. 우리 식의 길거리 음식이라고 할 수는 없지만, 간단하게 끼니를 때울 수 있는 음식들도 적지 않다. 특히 마음은 급하고 주머니는 가벼운 젊은 배낭여행자들에게는 물가 비싼 파리에서 더없이 반가운 메뉴들이다. 여유 있고 느긋한 여행이라도 점심 한 끼는 가볍게, 또는 출출한 오후 간식은 든든하게 즐겨보는 것도 좋겠다.

프랑스 학생과 직장인에게 가장 친숙한 점심은 샌드위치일 것이다. 동네 곳곳의 불랑주리, 슈퍼마켓, 샌드위치 전문점에서 쉽게 살 수 있다. 브리오슈 도레Brioche Dorée 같은 프랜차이즈 카페에서는 매장에서 먹을 수 있다. 대부분 바게트 샌드위치인데, '크뤼디테'라는 생채소 샌드위치가 많고, 햄, 그뤼에르 치즈, 참치 등이 주로 사용된다.

요즘은 한국에서도 간혹 만나볼 수 있는 키슈quiche는 일종의 에그 타르트다. 타르트에는 식사 대용 살레salé(짠맛)와 디저트용 쉬크레sucré(단맛) 두 종류가 있는데, 키슈는 바로 타르트 살레다. 한국 사람에게는 김밥 한 줄 정도의 든든함이 있다.

　한국에는 크레이프, 크레페라고도 알려진 크레프crêpe는 계란을 넣어 얇게 부친 밀전병에 초콜릿이나 잼, 생크림, 치즈, 과일, 채소 등을 싸먹는 요리다. 북부 프랑스인 브르타뉴의 대표적인 향토음식인 이 소박한 요리는 특히 관광지 근처 가판대 같은 크레프리crêperie에서도 쉽게 사먹을 수 있다. 전문 식당으로 꾸민 크레프리도 있는데 여기에서는 '이런 것까지 들어가나?' 싶을 정도로 천차만별의 맛과 재료를 가진 크레프를 내놓는다. 크레프에는 달콤한 쉬크레만 있는 것이 아니고, 짭짤한 살레도 있는데 양젖 치즈와 녹두 등이 일반적으로 쓰인다.

　프랑스 요리는 아니지만, 그리스, 터키에서 온 케밥kebab은 푸짐한 양에 한 끼 식사로 거뜬하다. 쇠고기나 양고기를 꼬치에 꿰서 구운 게 케밥인데, 프랑스에서 주로 볼 수 있는 것은 되네르 케밥doener kebab, 즉 양념한 고기를 꼬챙이에 끼운 뒤 화덕에서 서서히 돌려가며 익히는 것이다. 잘 익은 겉면을 얇게 썰어서 인도의 난 같은 얇은 빵에 싸먹는다.

　패스트푸드 하면 햄버거, 햄버거 하면 맥도날드를 떠올리겠지만, 프랑스에는 맥도날드의 아성에 맞서는, 나도 참 좋아하는 퀵Quick이라는 브랜

드가 있다. 크루아상 버거처럼 현지화한 메뉴를 내놓고 있지만, 사실 퀵은
이웃나라 벨기에의 브랜드다. 값이 좀 비싸긴 해도, 퀵의 햄버거는 '햄버거
의 하이엔드'라고 내가 소개한 적도 있다. 배낭여행자의 대표음식 햄버거를
먹어야 할 때가 오더라도, 이왕이면 한국에서는 경험할 수 없는 퀵에 들러
보자.

파리에서
만나는
세계의 요리

프랑스는 자체의 음식 문화가 크게 발달한 만큼 다른 나라의 음식들이 크게 발달하지는 않은 편이다. 미국, 특히 대표적인 코스모폴리탄 도시인 뉴욕이 많은 이민자들과 함께 건너온 음식 문화를 받아들여 세상에서 찾아볼 수 있는 모든 종류의 음식 문화를 다채롭게 꽃피우고 있는 것과는 사뭇 대조적인 현상이다. 전 세계 어디를 가도 도심 한군데를 차지하며 번성하고 있는 차이나타운의 규모 역시 런던, 뉴욕 등의 도시와 비교해본다면 파리는 초라한 수준에 가깝다.

그럼에도 불구하고, 요리의 천국 파리에 세계의 요리가 모이지 않을 수 없다. 이탈리아 요리는 물론, 한중일 아시아 요리부터 아프리카 음식까지, 꽤 오래 파리에 머물 생각이라면 가끔은 한국에서 먹을 수 없는 외국 요리를 찾아 먹어보는 것도 소소한 재미가 될 것이다.

전세계 어딜 가나 있는 중식당은 곳곳에서 트레퇴르의 형태로 저렴하게 이용할 수 있지만, 뭔가 '정통' '고급' 중식을 찾는다면, 원조 차이나타운인 벨빌Belleville, 신흥 차이나타운인 13구 플라스 디탈리Place d'Italie로 가야 한다. 사실 13구는 프랑스의 식민지였던 베트남 출신 사람들이 모여 살았던 곳이라 베트남 식당도 꽤 많이 찾아볼 수 있다. 특히 베트남 식 바게트 샌드위치는 특유의 매콤한 소스 맛이 별미다.

　　그에 반해 지리적으로도 멀지 않은 식민지였던 북아프리카의 음식들은 파리 전 지역에 퍼져 있다. 이제는 프랑스 음식의 일부가 되었다고 해도 과언이 아닐 정도로, 그 경계가 모호해지고 있다. 일종의 스튜인 타진tajine, 고기나 채소와 곁들여먹는 쿠스쿠스couscous, 오이와 토마토로 만드는 레바논 샐러드 등은 프랑스의 일반적인 식당에서도 종종 볼 수 있다.

　　이탈리아 식당은 생각보다 많지는 않고 정통 이탈리아 식이라기보다 '이탈리안 프렌치'로 분류되지만, 그다지 고가는 아니라서 파스타와 화덕피자를 부담 없이 즐길 수 있다.

　　가벼운 일식당은 중식당만큼이나 많은데, 대부분의 일식당을 중국인이 운영하고 있기 때문이다. 한식의 인기가 날로 높아지면서 이제는 중국인이 운영하는 한식당도 늘어나는 추세다. 재미 삼아 파리의 한식당 얘기를 좀더 덧붙이자면, 프랑스 사람들의 음식 문화에 맞게 한식도 대부분 앙트레, 플라, 데세르로 구성된다. 잡채나 전 같은 게 앙트레로 쓰이고, 고기나 찌개 요리가 플라인데, 데세르로는 팥빙수가 오르기도 한다. 한식당에서 소주 한 병이 우리 돈으로 2만 원이 넘으니, 와인보다도 비싼 귀한 술이다.

　　아무리 세계 요리가 들어와도 워낙 프랑스 요리가 막강하다보니 가끔 먹는 별미 이상의 대접을 받기는 힘들다. 몇 달 정도 장기체류를 하는 게 아니라 짧게 파리를 여행할 계획이라면, 되도록 프랑스 음식을 먹을 것을 추천한다. 나는 해외에 가면 절대로 한식을 안 먹는다. 오히려 현지 음식을 먹다 먹다 아쉬워서 공항에서 한 번 더 먹고 갈 정도다. 정말 입맛에 안 맞는 음식이 있겠지만, 좀더 마음을 연다면 우리가 생각했던 것보다 더 많은 즐거움을 맛볼 수 있음을 명심했으면 한다.

코르동 블루,
준비된 학생만이
요리를 배운다

오드리 헵번의 대표작 〈사브리나Sabrina〉에서 주인집 바람둥이 둘째아들을 사랑한 운전기사의 딸 사브리나는 이루어지지 않을 짝사랑의 아픈 가슴을 안고 요리사가 되기 위해 프랑스로 유학을 떠난다. 실연의 상처에서 채 헤어나지 못한 그녀가 오븐을 켜는 것을 잊어버리는 바람에 수플레 만들기에 실패하는 장면에서 나온 "행복한 사랑에 빠진 여자는 수플레를 태우고, 불행한 사랑에 빠진 여자는 오븐 켜는 것을 잊는다."라는 대사를 기억하시는지? 〈사브리나〉까지 거슬러 올라가기 너무 멀다면 실화를 바탕으로 한 2009년 영화 〈줄리 앤 줄리아Julie & Julia〉는 어떨까? 미식을 즐기는 미국 대사관 직원의 부인 줄리아 차일드가, 요리를 동경하는 미국 여성이라면 성경처럼 생각하는 『프랑스 요리 마스터하기Mastering the Art of French Cooking』의 저자로 거듭나기까지의 프랑스 체류기를 그린 이 영화에서, 주인공 줄리아로 분한 메릴 스트립이 프로페셔널이 아니라는 이유로 자신을 차별하는 심술궂은 선생의 차별에도 굴하지 않고 고집스럽게 요리를 배워나가던 그 요리 학교는 어떤가? 그곳이 바로 전 세계 요리 학교의 대명사, 코르동 블루Le Cordon Bleu다.

　　파리의 작은 요리학원으로 시작했던 코르동 블루는 110여 년이 지
난 지금, 파리의 본교를 제외하고도 한국을 포함한 전 세계 10여 군데에 분
교를 거느릴 만큼 큰 규모로 성장했다. 우리나라에서도 새로 문을 여는 식
당의 이력에서 심심찮게 '코르동 블루 출신 셰프'이라는 문구를 확인할 수
있다.

　　그러나 그 명성과 기대치를 감안하자면 허무할 정도로 코르동 블
루의 강의 코스는 간단하고 명료하다. 비밀의 레시피는 당연히 없고, 교실
을 뜨겁게 달구는 열정적인 강의도 없다. 코르동 블루의 모든 강의는 두 가
지 과정으로 이루어진다. 바로 시연과 실습이다. 어떤 단계건 첫 수업에는
2~3시간 시연을 한다. 그러는 동안 프랑스어를 못하는 이들을 위해서 레
시피와 조리 방법을 영어로도 통역해준다. 그리고 시연이 끝나는 순간 바
로 방금 본 것을 그대로 만드는 실습이 시작된다. 요리에 대한 지식이 없거
나 준비가 안 된 사람들은 옆사람들에게 물어보기 일쑤지만 주어진 시간 안
에 자신의 요리를 마치기도 버거운 사람들이 그 질문에 대답을 해줄 리가 없
다. 이렇게 폭풍 실습을 하다보면 어느새 수업이 끝나버린다.

　　나도 코르동 블루 시절 첫 수업 때 느꼈던 당황스러움을 잊지 못한
다. 다행히도 수업을 들으며 레시피를 배운다는 것은 큰 의미가 없다는 걸
일찍 깨달았다. 이미 어느 정도의 경험과 공부를 통해 준비가 된 이들만이
수업이 시작되는 순간 시연을 통해 쏟아지는 정보들을 자신의 것으로 만들
수 있기 때문이다. 또한 코르동 블루는 요리 학교지만 탈락은 시키지 않는
다. 다만 코스의 마지막날 치르는 시험에서 받는 점수가 천차만별일 뿐이

다. 결국 코르동 블루에서 무엇을 얼마나 배워서 졸업하는가는, 어느 배움의 과정에서나 마찬가지겠지만, 특히 배우는 사람의 준비와 자세에 달려 있다는 걸 절감하게 되었다.

한국은 물론 일본이나 영국, 호주 등지에서 운영되는 코르동 블루 역시 수준급의 과정을 제공하고는 있지만 가장 좋은 것은 역시 본토인 프랑스의 본교에서 공부하는 것이라는 생각이다. 특히 생업으로 삼기 위해 요리를 공부하는 것이라면 더욱더 그렇다. 본교의 교수들은 일단 기본적으로 유수의 프랑스 레스토랑에서 30~40년 가까이 프랑스 요리로 역량을 쌓은 이들이고, 코르동 블루가 제공하는 코스 중 가장 높은 단계인 고급반은 파리 본교에만 존재하기 때문이다. 어떤 문화건 그 안에서 살아보는 것이 가장 쉽고 효과적으로 습득하는 방법이라고 한다면, 요리 역시 예외가 될 수 없을 것이다.

Le Cordon Bleu Paris

주소 8 Rue Léon Delhomme, 15구
전화 01 53 68 22 50
홈페이지 www.cordonbleu.edu 또는 www.lcbparis.com

재래시장부터 백화점까지,
쇼핑으로
　　음식 체험하기

프랑스의 음식 문화를 즐기는 한 가지 좋은 방법은 신선한 식재료들이 가득한 시장과 식료품점을 직접 가보고, 작은 것 하나라도 실제로 사보는 것이다. 나야 직업이 셰프이고 서울에서도 우리 식당에서 쓰일 식재료들을 되도록 산지의 생산자들과 직접 거래하려고 하기 때문에, 외국 여행을 가더라도 시장이나 식료품점을 가보는 것이 빼놓을 수 없는 코스다.

파리의 시장이라고 하면 제일 유명한 것은 아무래도 벼룩시장marché aux puces이겠지만, 대도시인 파리에는 지금도 매일 혹은 정기적으로 문을 여는 식료품 재래시장이 다수 성업하고 있다. 파리의 재래시장이라고 해서 시골이나 산지의 생산자가 직접 와서 판매하는 것은 아니지만, 대부분의 식료품들은 모두 산지에서 직송된 것을 파는 것이며, 유제품 등은 가내수공업으로 제조한 것을 직접 판매하는 경우도 많다. 따라서 슈퍼마켓이나 다른 식료품 매장에서 파는 것보다 훨씬 더 신선하고 저렴한 편이다.

파리의 시장 역시 시끌벅적하고, 활기가 넘치며, 시장에서 파는 물건들만큼 다양한 사람들이 넘쳐난다. 뭔가를 사지 않더라도 그 분위기를 한번 체험해보는 것만으로도 잊지 못할 파리의 추억이 될 것이다.

마르셰 달리그르 Marché d'Aligre
마르셰 보보 Marché Beauvau

주소 Place d'Aligre, 12구
교통 메트로 8호선 Ledru-Rollin

파리에서 아직도 열리고 있는 시장 중에 가장 유명한 것은 아무래도 12구의 알리그르 광장에서 열리는 마르셰 달리그르와 마르셰 보보일 것이다. 월요일을 제외하고 똑같이 알리그르 광장에 서는 시장이지만, 야외시장인 마르셰 달리그르는 오후 1시 반경이면 장이 마감되는 반면, 실내시장인 마르셰 보보는 같은 시간에 잠시 문을 닫았다가 오후 4시와 7시 반 사이에 다시

문을 연다. 야외시장이 좀더 소규모 업자들의 물건을 취급하고, 실내시장
은 가격대가 조금 더 높지만 훨씬 더 다양한 종류의 물건들을 취급한다. 일
요일 아침이 특히 볼거리와 살 거리가 풍부하다. 근방에 트루소 광장Square
Trousseau도 있으니, 아침에 시장을 들렀다가 이 광장에 있는 동명의 식당에
서 점심을 하거나 팽 오 쇼콜라가 맛있는 빵집 블레 쉬크레Blé Sucré에 들러
간단한 브런치를 맛보는 것도 추천할 만한 동선이다.

봉 마르셰 백화점 Le Bon Marché Rive Gauche

주소 24, rue de Sèvres, 7구
교통 메트로 10, 12호선 Sèvres-Babylone
영업시간 토 – 수요일 10시 – 20시, 목 – 금요일 10시 – 21시, 일요일 휴무

재래시장 외에도 수퍼마켓이나 백화점의 식품가를 둘러보는 것 역시 한국
에서와 마찬가지로 음식에 관심 있는 이들에게는 빼놓을 수 없는 쇼핑의 한
코스가 될 것이다.

1838년 문을 연, 파리에서 가장 오래된 백화점 봉 마르셰. '싼 가격'
을 뜻하는 이름이지만, 현재는 파리에서 가장 고급스럽고 하이엔드에 해

당하는 제품들을 만날 수 있는 럭셔리 백화점으로 자리매김하고 있다. 봉 마르셰의 식품관인 르 그랑 에피스리 드 봉 마르셰Le Grand Épicerie de Bon Marché 역시 백화점 전체의 취향을 잘 반영하고 있다. 드넓은 공간에 각종 식료품과 식재료, 요리용품들이 보기 좋게 진열되어 있으며, 와인 코너 또한 파리 최고 수준을 자랑한다. 백화점 내에 있는 다섯 개의 식당이나 카페들의 인테리어도 아름답고, 백화점 전체의 인테리어나 프레젠테이션이 '관광'의 가치가 있는 곳이다.

나는 파리에서 한국에서 구할 수 없는 도구들을 주로 사지만, 일반인들의 쇼핑리스트라면 허브나 치즈, 와인 한두 병 정도가 아닐까 한다. 보통 슈퍼마켓에서도 충분히 구입할 수 있는 것들이므로 크게 발품을 팔지 않아도 좋겠다. 무엇을 사오면 좋냐는 질문을 가끔 받을 때마다 나는 무거운 짐으로 여행길을 고생하느니, 실컷 먹고 오는 게 남는 것이라 대답한다. 열 시간 넘게 비행기를 타고 가야 하는 파리, 어쩌다 한 번 가보게 되는 그곳이라면, 우선 현지에서 음식을 즐겨보자. 가방을 채우기보다 배를 채워보자.

파리지앵이 찾는 파리의 진짜 맛집들

레피 뒤팽

L'Epi Dupin

주소 11, rue Dupin, 6구
교통 메트로 10, 12호선 Sèvres-Babylone
전화 01 42 22 64 56
영업시간 12시−15시, 19시−23시, 토/일요일 종일, 월요일 점심 휴무
홈페이지 www.epidupin.com

직업이 오너셰프인지라 어떤 식당을 가건 분위기와 맛을 음미하는 동안, 이 집은 어떤 식으로 수지타산을 맞추면서 운영을 하고 있을까, 이곳은 좀 어렵겠다, 여기는 좀 괜찮겠다 하는 점들을 생각하는 습관이 있다. 프렌치 퀴진의 본류에서부터 이역만리 떨어진 서울에서 프랑스 식당을 운영하는 것 역시 만만치 않은 도전이지만, 수없이 많은 레스토랑과 셰프 들이 요리를 생업으로 삼고, 고객 각자가 요리비평가나 다름없이 까다로운 프랑스, 그것도 파리에서 식당을 운영하는 것 역시 쉽지는 않은 일일 것이다. 세계에서 가장 오래된 백화점 봉 마르셰의 지척에 위치하고 있는, 카르티에 라탱의 모던 비스트로 레피 뒤팽을 지난가을 이 책을 집필하기 위해 두 번 찾았을 때, 문득 그곳의 오너와 셰프가 참 대담한 도전정신으로 식당을 꾸려가고 있구나 하는 생각이 들었다.

레피 뒤팽은 언뜻 보거나 들어서는 그다지 특별할 것이 없는 파리의 흔한 동네 식당일 수 있다. 거리의 이름을 따서 식당의 이름을 지은 것도 그렇고, 땅값 비싼 파리의 식당이나 카페 들이 으레 그렇듯이 좁은 실내를 빼곡하게 채우고도 넘쳐서 인도로까지 나와 있는 테이블의 배치를 봐도 그렇

다. 강렬한 빨간색 창틀이 인상적인 외관과 달리, 안으로 들어서면 하얀색이 주조를 이루는 아늑한 인테리어나 요리의 프레젠테이션도, 심지어 서비스까지도 뛰어나거나 특별할 것이 없는 곳이다.

파리에서 처음으로 프리 픽스prix fixe(고정 가격제)를 시도한 비스트로 중 하나인 이곳의 가장 큰 특징이자 매력은 테이블에 자리를 잡고 메뉴를 펼쳐봐야만 알 수 있다. 파리의 전통적인 비스트로 메뉴뿐만 아니라, 파리지앵들에게 익숙하지 않은 재료들로 만드는 요리들까지, 창의적인 메뉴들을 개발하려고 노력하는 실험정신이 엿보이기 때문이다. 여느 비스트로에서 늘 접할 수 있는 음식들에 더해, 그 셰프만의 창의성을 담은 음식들을 조화롭게 선보이는 이러한 경향을 비스트로노미크bistronomique, 즉 미식 비스트로라고 하는데, 레피 뒤팽은 그 비스트로노미크의 대표적인 예라고 할 수 있다. 그래서 창의성과 적절한 가격이 어우러진 이 작은 식당은 늘 사람들로 붐빈다.

아 라 카르트à la carte(단품요리)로도 물론 주문이 가능하지만, 진취적인 셰프의 아이디어와 고민이 녹아 있는 코스 요리를 시도해보는 것이 좋을 듯하다. 와인을 곁들인 2코스 점심식사가 25유로, 3코스가 35유로이며, 셰프가 자신있게 권하는 여섯 가지 메뉴로 구성된 테이스팅 메뉴, 므뉘 데귀스타시옹menu dégustation이 49유로 선이다.

숙회 식으로 익힌 문어와 애호박, 토마토로 만든 양념

Fraîcheur de poulpe et chutney de courgette-tomate

스페인, 그리스 등에서는 흔하게 사용되지만 파리에서는 식재료로는 드물게 볼 수 있는 문어를 사용했다는 점이 신선했다. 우리나라의 숙회보다는 좀 오래 익혀서 수분감이 덜한 점이 아쉬웠지만, 셰프의 신선한 시도 가 돋보이는 깔끔한 요리.

송이버섯 파트와 허브 크림

Petite pâte de cèpes et émulsion d'herbes

가을이면 프랑스는 야생 버섯이 제철이라서, 식당
마다 버섯을 주재료로 한 계절 음식들을 선보인다.
자연의 풍미가 느껴지는 버섯과 신선한 허브 소스
가 잘 어우러지는 요리.

도미 구이와 팽폴 코코넛, 페스토 소스

*Filet de dorade,
cocos paimpolais au pistou*

독특하게도 코코넛과 바질을 함께 이용했다. 프랑
스 사람들이 농어와 함께 자주 즐기는 생선인 도미
를 가장 좋아하는 팬프라잉 방식으로 구워낸 맛깔
스런 요리.

감자와 버섯을 곁들인 새끼돼지 가슴살 구이
*Poitrine de porcelet,
pommes paysannes et girolles*

새끼돼지의 연한 가슴살 구이와 시골 감자 그리고
제철을 맞은 야생 버섯을 짙은 와인 소스에 조리듯
끓여냈다.

애호박과 당근을 채썰어 올리고
바닷가재 크림을 아래에 깔아놓은 쏨뱅이 구이
*Filet de rascasse, tagliatelle de courgette-
carotte, émulsion homard*

바닷가재 특유의 향과 생선의 부드러운 살, 채쳐서
파스타처럼 만들어놓은 애호박과 당근의 신선한
풍미가 잘 어우러지며 재료 하나하나를 세심하게
다뤄 쓰는 셰프의 정성이 돋보이는 요리.

카시스 소스를 곁들인 구운 무화과와
우유 레몬으로 만든 셔벗

Figues rôties au cassis, sorbet lait-citron

우리나라에서는 잘 먹지 않는 과일지만, 유럽에서 무화과는 가장 즐겨 찾는 과일 중 하나다. 특히 제 철인 가을에는 여러 요리에 무화과를 활용한다. 끈 적한 단맛이 있는 무화과와 상큼한 셔벗이 잘 어울 린다.

프랄리네 아이스크림을 얹은 초콜릿 무스

Crème chaude au chocolat et glace praline

부드러운 초콜릿 무스의 겉을 코팅한 것처럼 반질 하고 딱딱하게 굳히고 그 위에 따뜻한 크림을 올렸 다. 진하고 부드럽고 달콤하고 쓴맛이 입안에서 완 벽한 하모니를 이뤄내는 데세르.

르 비스트로 폴 베르
Le Bistrot Paul Bert

주소 18, rue Paul Bert, 11구
교통 메트로 8호선 Faidherbe-Chaligny
전화 01 43 72 24 01
영업시간 12시–14시, 19시 30분–23시 30분, 일/월요일 휴무

얼핏 처음 이름을 들으면 그 주인이나 셰프의 이름이 폴 베르일 것이라고 생각하기 쉽지만, 실망스럽게도 그냥 폴 베르 거리에 있는 비스트로라는 의미에 지나지 않는 이름이다. 이 책에 나오는 카페나 식당 중에도 그런 곳들이 꽤 있을 정도로 프랑스의 비스트로, 카페로는 매우 흔한 작명법이다. 우리로 치면 '가로수길 식당', 아니 그보다 좀더 운치 없는 버전으로 '원효로 식당' 정도가 되지 않을까 싶다.

이름이야 이렇게 평범하지만 이곳은 셰프가 선보이는 비스트로노미크 요리들이 오래전부터 파리지앵들로부터 꾸준히 사랑받아온 현지인들의 명소다. 최근에는 『뉴욕타임스』 등의 미국 유수 매체에도 호평 일색의 리뷰가 실려서 미국인 관광객들 역시 심심찮게 늘어나고 있긴 하지만 말이다. 역량 있는 셰프들이 질좋고 맛있는 음식을 대중에게 좀더 친근한 가격과 공간에서 제공하는 비스트로노미크의 기준에 꼭 들어맞는 곳이라 하겠다.

'폴 베르 골목 식당'은 거기에 더해 400종 넘는 와인리스트를 갖추고 있는 곳이기도 하다. 보통 소박한 정도의 와인리스트만을 제공하는 일반적인 비스트로들에 비해 엄청난 규모인 셈인데, 전체 와인을 다 볼 수 있는 와

인리스트 외에도, 테이블 바로 옆으로 들고 와서 설명해주는 대형 와인병 모양의 칠판에 쓰인 '이달의 와인' '이주의 와인'들을 시도해볼 것을 추천한다.

그다지 넓지 않은 실내는 테이블 사이의 간격이 상당히 좁은 편이지만 따뜻한 분위기가 느껴지고, 칠판에 손글씨로 정성스레 쓴 메뉴 역시 정감 어리다. 가게 안팎은 붉은 톤으로 정돈되어 있으며, 식당의 이름이 적혀 있는 투박한 식기들 역시 단순하지만 기본에 충실한 모양새다. 앙트레, 플라, 데세르의 세 가지 코스를 선택할 수 있는 메뉴가 34유로로 합리적인 가격이지만, 일반적인 비스트로에 비해 가격대가 조금 높다는 점은 미리 알아두는 게 좋겠다. 또한 현지인들과 점점 몰려드는 미국 관광객들에게 공히 사랑받는 곳이니, 저녁식사를 생각한다면 예약을 해두는 편이 안전하다.

Nos Vins
Du Moment......

일본식초를 곁들인 황새치 타르타르
Tartare d'espadon au vinaigre japonais

날것인 황새치를 정사각형으로 썰어서 일본식초를
곁들인 앙트레. 흡사 생선회 같은 겉모습에 일본풍
식초까지 더해져 퓨전의 느낌이 강한 요리다.

야생 버섯을 곁들인 달팽이 퓌유테
Feuilleté d'escargots aux champignons des bois

버섯과 달팽이와 퓌유테라고 하는 퍼프 페이스트
리, 이 세 가지는 전통적인 조합이다. 퓌유테의 버
터 향과 버섯의 향이 살아 있다.

계절 버섯이 들어간 오믈렛

Petite omellette aux cèpes

팬프라이한 버섯을 곁들인 대구 구이

Dos de lieu jaune rôti et sa poêlée de girolles

가을이면 제대로 된 요리를 하는 어느 비스트로에 가더라도 맛볼 수 있는 버섯이 듬뿍 들어간 부드러운 오믈렛이다. 버섯의 향과 식감, 혀에 착착 감기는, 버터가 가미된 달걀의 질감까지 완벽하게 조화되었다.

프라이팬에 고소하게 볶아낸 버섯을 잘 구워낸 대구와 곁들였다. 부드러면서도 단단한 대굿살과 버터의 풍미가 더해진 버섯 향의 궁합이 잘 맞는다.

셀러리 퓌레를 곁들인 비둘기 구이

Pigeon rôti au jus et sa purée de céleri

사실 프랑스 공원에서 뛰노는 비둘기를 떠올리자
면 식욕이 돋지는 않지만, 셀러리로 만든 퓌레와 어
우러지는 비둘기 구이는 꽤 먹을 만하다. 비둘기라
는 걸 모르고 먹는다면 더 맛있게 먹을 수 있을 것
같은 요리.

카술레 방식으로 끓인 소시지

*Andouille de Baye aux cocos de paimpol "façon
cassoulet"*

다양한 육류 재료들을 넣어 오래, 제대로 준비해야
하는 카술레 요리. 프랑스 식 순대인 앙두유andouille
에 육수를 붓고 뭉근하게 졸여낸 맛이 수준급이다.

산딸기 마카롱

Macaron aux framboise

보통 크기의 두 배는 넘어 보이는 크기의 마카롱. 마카롱 전문점만큼 완벽한 맛은 아니지만, 일반 식당에서 만드는 것치고는 일정 수준은 넘는다. 사이에 산딸기가 박힌 모양새가 장미향 마카롱으로 만든 이스파한을 연상시키기도 한다.

르 스쿠아르 트루소
Le Square Trousseau

주소 1, rue Antoine Vollon, 12구
교통 메트로 8호선 Ledru-Rollin
전화 01 43 43 06 00
영업시간 아침 8시–새벽 2시, 연중무휴
홈페이지 www.squaretrousseau.com

동명의 광장을 테라스 바로 건너편에 두고 자리를 잡은 벨 에포크 풍의 이 비스트로는 아침 일찍 문을 열고, 점심시간은 비스트로로, 그 외 시간은 카페로, 그리고 저녁 늦게는 와인 한잔을 기울일 수 있는 가장 전형적인 파리 비스트로로 운영된다. 고전적인 향취가 풍기는 인테리어, 전통 비스트로의 소박한 음식, 수준급의 서비스로 유명한 곳이다. 미슐랭이 언급할 만큼 화려한 레스토랑은 아니지만, 심심치 않게 장–폴 고티에 등의 유명인들을 목격할 수 있는, '아는 사람은 다 아는' 곳으로, 〈사랑해, 파리〉 등의 영화에도 배경으로 등장했다.

비스트로의 좁은 탁자 사이를 누비는 제대로 훈련받은 웨이터들과, 고전적인 풍취의 실내를 보면, 1907년부터 내려온 이 식당의 연륜과 품격이 느껴진다. 식사하기에 편한 분위기, 부담 없는 가격, 적당한 양이 큰 장점이다. 손님 대부분이 근방에 살고 있는 지역주민인 이유가 거기에 있을 것이다. 30, 40대의 비즈니스맨부터 젊은 커플들까지 다양한 연령층이 다양한 취향대로 찾아올 만한 곳이다.

테라스에서는 바로 초록색이 싱그러운 트루소 공원을 바라볼 수 있

어서, 도심 한가운데지만 여유 있는 분위기 속에서 식사를 즐길 수 있다. 또한 보라색으로 고급스럽게 인테리어가 완성된 살 라 망제salle à manger(다이닝 룸)는 할머니 때부터 내려온 의자, 거울 그리고 가족사진들로 꾸며져 있으며, 생일파티나 특별한 날의 모임에 제격이다.

메뉴의 음식들이 평균 이상의 맛을 자랑하지만, 특히 소시지와 프랑스 순대인 부댕은 이 식당 특유의 풍미가 있다. 한국인들의 입맛에 잘 맞지 않을 수도 있지만, 소시지와 부댕으로 유명한 리옹의 식당들보다 나은 맛을 제공하니, 꼭 시도해보시길. 또한 일반인들을 위한 시저 샐러드 등의 무난한 메뉴들도 충실하게 준비되어 있어서 '정통' 프랑스 요리가 아직 부담스러운 사람들도 쉽게 메뉴를 고를 수 있다. 아침 메뉴로는 바로 길 건너의 유명한 빵집인 블레 쉬크레의 크루아상과 팽 오 쇼콜라를 사용한다는 귀띔.

와인리스트가 길지는 않지만 적절한 가격에 잘 선택된 와인으로 구성되어 있고 샴페인도 2종류 정도 구비되어 있다. 화이트 6종, 레드 20여 종, 로제 4종으로 일반적인 비스트로의 평균적인 수준의 와인리스트다. 식당 옆에 위치한 르 카브 뒤 스쿠아르 트루소Le Cave du Square Trousseau에서는 비스트로의 와인리스트에 올라 있는 와인들을 비롯해 식재료들을 판매하고 있다.

아티초크와 비네거 소스

Super artichaut vinaigrette

소시지 플레이트

*Plancha de saucission de chez Congnet
à partager*

한국에서는 전혀 먹지 않는 프랑스만의 특이한 채
소 중 대표격인 아티초크. 거대한 솔방울처럼 생긴
이 채소를 먹는 방법은 사실 아주 간단하다. 위는 다
뜯어내고 남은 밑동에 비네거 소스를 뿌려 먹는 것.
아주 대단한 맛이 있는 건 아니지만, 전통 프랑스 요
리의 앙트레라는 점에서 한 번은 시도해볼 만하다.

리옹 식 소시지를 여럿이 나눠먹을 수 있도록 푸짐
하게 담아 내온 앙트레. 소시지의 장인이 만든 전
문가의 맛이다. 와인 한 잔 곁들이기에도 그만인
메뉴.

감자 퓌레를 곁들인 양갈비 구이

Côte d'agneau vert pré avec pomme purée

아무런 소스도 곁들이지 않고 구워 조각으로 분리해놓은 양고기는 그 냄새부터가 범상치 않다. 곁들여 내오는 머스터드는 사용하지 않는 편이 특유의 풍미를 제대로 즐길 수 있을 만큼 좋은 상태의 양고기다. 미디엄 또는 레어로 시켜 먹을 것을 추천한다. 함께 나오는 감자 퓌레는 남프랑스 지역의 특산품인 엑스트라 버진 올리브 오일로 마무리한 덕분에, 감자의 부드러움과 오일의 향이 기가 막히게 양갈비와 어울린다. 양갈비 자체는 별 5개 만점에 4개 반을 주고 싶지만, 곁들임 음식이 적은 게 아쉽다.

르 트로케

Le Troquet

프랑스 각 지역의 다양한 음식들을 골고루 맛볼 수 있는 파리에서 요즘 대세는 바스크 음식이다. 바스크란 정확하게는 프랑스 남서쪽의 국경 근처로 피레네 산맥의 서부 지역이다. 이 지역은 이전부터 천혜의 자연 환경과 기후 때문에 육류, 어류, 그리고 유제품 등 풍부한 식재료가 골고루 발달했고, 그를 이용한 요리법들 역시 일찌감치 자리 잡아 식도락 문화가 꽃피었던 곳이다. 게다가 이웃한 스페인의 영향까지 더해진 것이 바로 이 바스크 음식. 질 좋은 육류와 어류, 풍미 높은 버터, 그리고 다양한 햄 등이 골고루 쓰이는 것이 이 지방 음식의 특색이다.

　　15구의 아파트 건물들 사이의 조용한 한구석에 자리한 비스트로 르 트로케는 파리에서도 손꼽힐 만한 전통 바스크 요리를 내놓는 식당으로, 그 지역 출신인 사장이 12년 전 문을 연 이래 활기차면서도 친근한 서비스로 손님들을 맞이하고 있다. 오너셰프로 일하면서 고향의 시그니처 음식들을 파리지앵들에게 선보여오던 사장 크리스티앙은 지금은 르 트로케의 주방에서는 물러나 있는 상태지만, 바로 근처에 그랑 팡Grand Pan이라는 또 다른 식당을 열 만큼 성공을 거둔 인물이다. 요리란 사람을 위한 것이라는 지론

주소 21, rue François Bonvin, 15구
교통 메트로 6호선 Sèvres-Lecourbe
전화 01 45 66 89 00
영업시간 화요일-토요일 12시-14시, 19시 30분-23시

을 가진 크리스티앙의 철학은 식당 곳곳에서 분위기로 느껴진다.

투박하면서도 낡은 테이블 위에 심플하게 놓여 있는 붉은 줄무늬의 냅킨과 식기들, 10년의 세월 동안 드나든 수많은 손님들이 지나간 흔적만큼 은은하게 닳아 있는 벽쪽 의자들의 붉은 가죽, 멋 부리지 않은 단순한 접시들과 정성스런 손글씨의 메뉴판까지. 돈을 내고 음식을 먹는 곳이면서도 마치 친구나 가족의 집에 초대받은 듯한 분위기로 식사를 즐길 수 있는 따스함이 느껴지는 곳이다.

그러나 파리 토박이들과 그에 못지않은 관광객을 이 한적한 15구의 거리로 발걸음하게 만드는 것은 르 트로케의 요리들일 것이다. 3주에 한 번씩 바뀐다는 메뉴에는 물론 신선한 제철 재료들을 젊은 셰프의 과감한 도전 정신으로 조리한 음식들이 빼곡하게 들어차 있다. 앙트레+플라, 또는 플라+데세르의 2코스가 26유로, 앙트레+플라+데세르의 3코스가 32유로이며 메뉴에서 6개의 음식을 고를 수 있는 므뉘 데귀스타시옹도 50유로로 가격 또한 적절한 편이다.

마늘과 파슬리로 볶은 송이버섯

Poêlées de cèpes, ail et persil

초가을에 찾은 르 트로케에서 특히 인상적인 요리들은 때마침 제철을 맞은 버섯 요리들이었다. 마늘과 버터로 향을 낸 후 송이버섯을 잘 볶고 파슬리로 마무리한 이 요리는 남부 요리 특유의 강한 향이 있으면서도 의외로 담백하다.

느타리버섯 오믈렛

Girolles marinés et son oeuf au plat

이 요리는 달걀을 곁들이는 전통적인 느타리버섯 요리법을 따르지만, 일반적으로 오믈렛을 곁들이는 데 비해 특이하게도 반숙으로 프라이한 달걀을 함께 낸 것이 상당히 인상적이었다. 타임 향 버터로 오렌지색 파프리카를 살짝 조리한 후 식초에 절여둔 버섯을 쪽파, 양파와 함께 볶고 레드와인과 버터 소스로 마무리한 다음 달걀 프라이를 얹어내는 이 요리에 젊은 셰프의 과감함이 잘 배어난다.

토스트를 곁들인 푸아그라 테린
Terrine de foie gras au naturel et les toasts

바스크 지역의 10가지 육가공품
10 charcuteries de pays basque

100퍼센트 푸아그라 테린의 위쪽은 고유의 기름을 함께 굳혔다. 같이 나온 토스트 빵과 먹으면 신기할 정도로 느끼함이 사라지고 감칠맛이 난다.

누른 고기와 부댕, 소시지, 스페인 소시지로 알려진 초리조가 푸짐하게 담겨 있다. 한마디로 와인을 부르는 안주.

청둥오리 구이와 다리 콩피

Colvert rôti et sa cuisse confit

오리고기를 특히 좋아하는 내 취향을 감안한다 해도 높은 점수를 줄 수밖에 없는 이 요리는 입안에 넣는 순간 주방장에 대한 존경심과 애정, 감사함이 생길 정도로 기가 막힌 맛이었다. 정확하게 구워낸 오리고기의 쫄깃한 맛과, 함께 나오는 셀러리를 곁들인 감자 퓌레의 조화가 그야말로 금상첨화였다.

파나 코타

Panna cota

바닐라 수플레

Soufflé à la vanille

이탈리아 식 푸딩인 파나 코타를, 절인 계절 과일 두 가지와 함께 담아낸 데세르. 독창적이고 풍성한 식사를 마무리하는 흠잡을 데 없는 음식.

충분한 여유를 가지고 주문해야 하는 탓에 이번 여행에서는 먹어보지 못했지만 데세르 메뉴 중 바닐라 수플레 역시 이 집을 대표하는 메뉴 중 하나라고 하니, 플라를 먹을 무렵 미리 주문하는 센스를 발휘해 꼭 시도해보라고 권하고 싶다.

오 피에드 코숑

Au Pied de Cochon

1호선 Les Halles

'돼지의 발'이라는 식당 이름에서 알 수 있듯이, 프랑스 식 돼지족발로
유명해졌다. 지금은 기업화되어 수많은 요리를 선보이고 있다.

AMBASSADE
D'AUVERGNE

앙바사드 도베르뉴

Ambassade d'Auvergne

오베르뉴 지방은 프랑스 중남부에 자리한 지역으로, 산악지대인 마시프 상트랄Massif Central 가까이에 있으며 프랑스에서도 가장 외부와 고립된 지역에 속한다. 따라서 음식들도 육류나 육가공품, 감자 등으로 단순하고 투박한 종류들이 많다.

파리에서는 오베르뉴 전통의 음식들이 인기를 끌기 시작한 지 그리 오래되지 않지만, 유행과 상관없이 꿋꿋하게 오랜 세월 운영해온 대표적인 오베르뉴 식당들이 몇 곳 있다. 화려하고 세련된 프랑스 요리는 아닐뿐더러, 미슐랭 가이드나 여행책자의 미사여구와도 거리가 멀지만, 프랑스 사람들이 일상적으로 먹는 음식들을 생생하게 체험하기에 더없이 좋은 식당들이다. 그리고 솔직히 고백하자면, 육가공품인 소시지, 부댕, 내장 요리 등등을 좋아하는 나의 개인적인 음식 취향이 반영된 선택이기도 하다.

이 책을 읽는 독자들 중에서 프랑스 향토 음식을 풍성하게 즐기는 것에 관심 있는 분들에게 추천하고 싶은 식당이 바로 앙바사드 도베르뉴다. 파리 3구에 자리 잡고 있는 이 소박한 오베르뉴 음식의 비스트로는 사실 그 이름이 모든 것을 말하고 있다. '오베르뉴 대사관'이라는 뜻이기 때문이다. 그

주소 22, rue du Grenier Saint-Lazare, 3구
교통 메트로 3호선 Arts et Métiers, 메트로 11호선 Rambuteau
전화 01 42 72 31 22
영업시간 12시–14시, 19시 30분–22시 30분
홈페이지 www.ambassade-auvergne.com

만큼 음식뿐 아니라 오베르뉴의 모든 것을 만날 수 있는 곳이다.

그 지역의 분위기를 느낄 수 있는, 적당히 시골스러우면서도 모던한 인테리어다. 식당에 들어서면 바 주변에 걸려 있는 커다란 햄 덩어리들과 세라믹 접시들이 일단 눈길을 끌고, 오베르뉴 지역의 도시이자, 스테이크 나이프와 와인 오프너로 유명한 라기올Laguiole의 제품들도 전시되어 있으며 오베르뉴 지방의 분위기를 물씬 느낄 수 있는 사진들 역시 다수 걸려 있다.

오베르뉴 지방의 대표적인 음식인 돼지고기 요리나, 부드러운 으깬 감자를 곁들인 소시지 그리고 이 지역의 대표적인 치즈 중 하나인 캉탈 치즈를 고르는 것이 실패가 적을 듯하다.

아스티에
Astier

낯선 곳을 여행하는 이들이 갖고 있는 '여행의 로망' 중의 하나는 관광객들에게는 숨겨진 현지인들의 단골가게들을 찾아가 그들처럼 기분을 내보는 일일 것이다. 하지만 파리처럼 지역적인 것이 곧 세계적인 것과 동의어가 되는 대도시에서는 쉽지 않은 일이다. '그래 너 관광객이지?' 하는 듯한 분위기의 식당이 지겹거나, 토박이 파리지앵들이 무심한 듯 찾아와 일상처럼 한 끼 음식을 먹고 가는 곳을 즐겨보고 싶은 분들에게 추천하고 싶은 비스트로가 바로 파리의 11구 바스티유에 자리하고 있는 아스티에. 1956년 아스티에 부부가 자신들의 이름을 따서 문을 연 이래, 50여 년간 파리 부근의 일 드 프랑스Île de France 지역에서 나는 재료들을 적절히 활용한 소박한 프랑스 전통 음식들을 꾸준히 만들어오고 있다.

짙은 원목색의 건물 안으로 들어서면 온통 빨간색으로 꾸며진 실내가 눈길을 끈다. 적갈색의 나무 카운터와 벽, 빨간색 격자무늬의 테이블보와 빨간색의 메뉴판 테두리, 창가에 드리워진 무거운 붉은 벨벳 커튼. 음식도 모두 빨간색 테두리의 접시에 나온다. 딱딱한 의자들과 다닥다닥 붙어 있는 테이블들이 여느 파리의 식당과 다르지 않으면서도, 전반적인 분위기

rant
Asti
Restaurant Astier

주소 44, rue Jean-Pierre Timbaud, 11구
교통 메트로 3호선 Parmentier
전화 01 43 57 16 35
영업시간 12시 15분–14시 15분, 19시–22시 30분, 연중무휴
홈페이지 www.restaurant-astier.com

는 뭔가 '진짜'를 만난 것 같은 기대감을 부추긴다. 8명 남짓 이용할 수 있는 별실은 작은 파티를 하는 장소로 안성맞춤이지만, 주방과 홀이 같은 층에 위치하고 있어 주방에서 들려오는 소리와 풍기는 맛있는 냄새까지 시끌시끌한 시골식당을 연상케 한다.

프랑스 요리가 물론 주종이지만, 한국인들에게는 약간 '하드코어'로 느껴질 수도 있는 요리들, 특히 육류의 내장 요리들이 주요한 메뉴를 이룬다. 평범한 스테이크나 샐러드, 파스타에서 한 발짝만 더 내디뎌 정말 프랑스적인 요리를 시도해볼 용기가 있는 이들이라면 시끌벅적하지만 따스한 프랑스 요리의 소리와 향기에 하룻저녁 흠뻑 젖어볼 수 있는 식당이다.

계절별로 제철 재료들에 따라 바뀌는 메뉴들은 단품으로 하나씩 선택할 수도 있으며 아스티에만의 치즈 플레이트까지 포함한 4코스 저녁식사가 35유로 선. 창가에 놓여 있는 빈 와인병들에서 미루어 짐작할 수 있듯이, 체면치레 정도의 와인들만 갖추어놓는 대다수 비스트로들과는 달리 400종이 넘는 충실하고 깊이 있는 와인 메뉴가 따로 있으니 선택하는 요리에 걸맞은 와인을 꼭 추천받도록 하자.

허브를 곁들인 아보카도 무슬린과
바닷가재, 토마토

Fraîcheur d'écrevisses et de tomates,
mousseline d'avocats aux herbes

무슬린은 무스를 고형화한 것이다. 가재의 향과 아
보카도의 신선함이 잘 어우러진다.

누른 소 볼살과
달걀 타르타르 소스, 허브 샐러드

Pressé de joue de boeuf braisée,
oeuf sauce tartare et salade d'herbes

누른 머릿고기 같은 이 음식은 초심자에게는 좀 힘
들 수 있다. 순댓국을 좋아하는 사람이라면 문제없
을 듯.

구운 제철 채소를 곁들인 큰 새우 구이

Petits farcis et grosses crevettes,
jus de crustacés corsé

새우의 식감과 적당히 잘 익은 채소와 소스가 조화
롭다. 초심자에게도 무난한 맛.

당근 케이크와 검은 올리브 소스의 토끼고기

Lapin Rex du Poitou rôti aux polives noires,
gâteaux de carottes et de pain d'épices

퓌레처럼 만든 당근 케이크와 토끼고기의 조화가
훌륭하다. 평범함에서 한 단계 더 나아간 아스티에
의 대표 요리라고 할 수 있겠다.

아스티에 치즈 플레이트
Le plateau de fromages d'Astier

식후에 치즈를 마다하는 것은 한 끼의 반을 포기하는 것이라는 이야기를 믿는다면 시도해볼 만한 프랑스 치즈 선물세트. 10여 종의 다양한 치즈를 맛볼 수 있다.

옛날식 바닐라 달걀 크림

Crème aux oeufs vanillée à l'ancienne

수플레와 비슷한 향과 맛을 지녔다. 부드러운 질감
과 달콤한 맛이 일품이다.

수제 다크 초콜릿으로 만든 얇은 초콜릿 타르트

*Tarte fine au chocolat amer,
mousse légère au café*

당도 조절이 예술의 경지이며, 촉촉한 타르트와 짙
은 초콜릿의 맛이 서로 잘 녹아들어 있는 데세르.

레 부키니스트

Les Bouquinistes

그 위에 놓인 수많은 다리들만큼이나 많은 얼굴을 가지고 있는 센 강은 파리를 여행하는 이들에게 다채로운 파리의 경험을 선사한다. 센 강변에 죽 늘어서 있는 중고책 상인들이 내놓은 각양각색의 고서적과 그림, 엽서 들을 쉬엄쉬엄 보면서 강변을 산책하는 일은 모든 여행자의 필수 코스다.

프랑스를 대표하는 스타 셰프, 기 사부아 Guy Savoy가 자신의 이름을 걸고 운영하는 레 부키니스트는 바로 센 강변에서 흔히 볼 수 있는 노점의 중고책 상인들을 뜻하는 단어다. 파리 관광의 이정표 중 하나인 마들렌 성당과 퐁 뇌프 다리 근처에 있으며, 식당의 이름에 어울리게 예술이나 출판 관련 종사자들이 빈번하게 드나드는 파리의 유명 식당 중 하나다.

식당의 외관은 모던한 느낌이 들기는 하지만 마음이 불편해질 정도로 티끌 하나 없는 깨끗한 느낌은 아니다. 일단 식당 문을 열고 들어서면 공간 내부의 곳곳에서 스타 셰프의 이름에 걸맞은 세심한 취향과 관리가 엿보인다. 하얀 벽과 까만 가구로 모던함과 깨끗함, 촌스럽지 않은 따뜻함과 평안함이 절묘하게 배합된 공간이다. 테이블 사이도 파리의 다른 레스토랑들보다 넓어서 여유 있게 식사를 할 수 있다. 창 너머로는 책 상인들을 포함

LES BOUQUINISTES
RESTAURANT AVEC GUY SAVOY

IN EVERY DIRECTION YOU
TURN TOUCH FIRE AND YOU
BURN
DEFICIENT
ROBOTS
MASS
ELVIS
BEAUTY
TO LISTEN AND TO
WAIT CONCEN
TRATION CONCEN

주소 53, quai des Grands Augustins, 6구
교통 메트로 4호선 St. Michel
전화 01 43 25 45 94
영업시간 12시-14시 30분, 19시-23시, 토요일 점심과 일요일 휴무
홈페이지 www.lesbouquinistes.com

한 센 강의 전경, 저녁 무렵이면 은은하게 간접 조명이 돋보이는 파리 시가지의 오랜 건물들, 그사이로 적당히 보이는 푸른 나무들까지 더해져 완벽한 도심 강가의 정취를 만끽할 수 있다.

그렇다고 해서 레 부키니스트가 스타 셰프의 이름과 멋있는 인테리어에만 치중하는 식당이라고 오해하면 곤란하다. 이곳은 기 사부아의 이름과 명성을 헛되게 하지 않는 좋은 재료와 기술로 수준 높은 요리를 합리적인 가격에 선보이고 있다. 레 부키니스트의 음식은 전통적인 프랑스 요리에 비해 깊은 맛은 다소 덜하지만, 기본을 충실히 따르는 요리들로 가득하다. 그리고 어쩌면 그런 약간의 가벼움이 프렌치 퀴진에 다소 익숙하지 않은 사람들에게는 더욱 쉽게 다가갈 수 있는 여지를 주는 장점이 될 수도 있을 것 같다.

점심 메뉴는 30유로 미만이지만, 저녁에 들르려면 이 책에서 소개하는 식당들 중에서는 비싼 축에 속한다. 옷차림도 반바지에 슬리퍼 같은 너무 캐주얼한 차림은 자제를 하는 편이 좋을 만큼 특유의 분위기가 있다. 특히 연인들끼리 떠난 파리 여행이라면 여행을 마무리하거나 시작하는 로맨틱한 디너를 하기에 더없이 좋은 장소가 될 것 같다.

조린 무를 곁들인 푸아그라 테린

Terrine de foie gras et confiture navet epicée

정통 푸아그라보다는 조금 가벼운 맛으로, 처음 접하는 사람은 오히려 더 부담감 없이 받아들일 수 있는 맛. 그러나 역시 기본에는 충실한 맛이다.

팽 드 캉파뉴를 곁들인 양념한 고등어와 생굴

Sardines marinées et huîtres avec pain de campagne

적당히 새콤한 맛의 고등어와 싱싱한 제철 생굴이 전혀 비리지 않고 조화롭다. 일식의 시메사바(고등어 초절임)와 모양은 비슷해도 맛은 다른 고등어가 신선하다.

두 가지 스타일의 쇠고기 요리

*Boeuf aux deux préparations, légumes
'porte-feu'*

스튜 느낌으로 조리한 스테이크를 아래에 깔고 그
위에 다시 두툼하게 구워낸 스테이크를 올린 요리.
한 가지 재료를 두 가지 다른 방식으로 조리해서 한
플레이트에 담는다는 창의적인 아이디어에 박수를
보낼 만하다. 레어로 구워낸 스테이크의 식감과 맛
은 기막힐 정도.

우럭 소테 구이와 감자 허브 퓌레

*Filets sautés de rouget
avec purée de pomme de terre et d'herbe*

내추럴한 맛이어서 먹으면 건강해질 것 같은 느낌이
드는 요리. 프랑스 생선 요리가 비교적 느끼한 반면,
정확히 조리된 이 생선은 깔끔하게 다가왔다.

르 투 쇼콜라

Le tout chocolat

보는 것만으로도 상상이 되는 진한 초콜릿 맛에 입안 가득 침이 고여오는 데세르. 영어로 'All chocolate'라는 이름답게 초콜릿 케이크와 무스가 두 층으로 쌓여 있고 얇은 깃털 모양의 초콜릿이 가니시로 장식되어 있다. 뜨거운 커피와 함께 먹으며 식사를 마무리하기에 안성맞춤.

브라스리 립

Brasserie Lipp

4호선 Saint Germain des Prés 근처

프루스트, 카뮈, 헤밍웨이 같은 문인부터 미테랑, 시라크 등의 정치인,
그리고 수많은 프랑스와 미국 스타들도 드나드는, 유명세로는 파리에서
손꼽히는 브라스리. 오렌지색 차양이 트레이드 마크가 되었다.

브누아 파리

주소 20, rue St-Martin, 4구
교통 메트로 1, 11호선 Hôtel de Ville
전화 01 42 72 25 76
영업시간 12시-14시, 19시 30분-22시, 크리스마스, 크리스마스 이브와
　　　　 새해 첫날과 한해의 마지막날 휴무
홈페이지 www.benoit-paris.com

1912년 문을 연 이래 3대에 걸쳐 운영해온 정통 가족 비스트로 중 하나다. 프랑스 가정 요리로 이름이 높았던 이 소박한 비스트로는 2005년 프랑스 요리업계의 제왕인 알랭 뒤카스Alain Ducasse에 의해 인수된다.

　　알랭 뒤카스는 본인의 레스토랑으로 받은 미슐랭의 별이 열 개가 넘는 프렌치 파인 다이닝의 대표주자지만, 이 작은 비스트로가 어떤 이유로 100년 가까이 인기를 얻어왔는지 역시 너무나 잘 알고 있었기에, 이 식당에 갑작스레 큰 변화를 주지 않았다. 브누아의 강점인 대중적이면서도 기본에 충실한 전통 프랑스 음식과 세월의 향취가 물씬 풍기는 인테리어, 자유롭고 격식 없는 분위기를 그대로 살려가면서 자신의 왕국에 흡수시키는 방법을 선택한 것이다. 소유주는 바뀌었지만 이름부터 음식까지 분위기는 여전해서 지금도 한결같은 인기를 모으고 있다. 알랭 뒤카스는 이곳의 분점을 최근 뉴욕과 도쿄에도 열어 프랑스 가정식을 세계로 전파하고 있다.

　　브누아의 음식과 인테리어, 실버웨어 등은 모두 요즘 한창 클래식한 것에 빠져 있다고 하는 알랭 뒤카스의 취향을 반영하듯이 매우 기본적이면서도 전통에 충실하다. 짙은색의 나무에 붉은 벨벳으로 덧댄 의자들과 빳빳

하게 다려진 하얀색 테이블보, 가운데 커다란 금색 B가 도드라지는 아름다
운 식기들은 살짝 바랜 느낌이 있기는 하지만 그조차 브누아의 오랜 역사의
일부로 느껴진다. 2층에는 좀더 아늑하게 식사를 즐길 수 있는 분위기가 마
련되어 있다.

　　　이곳을 소박한 일반 비스트로라고 하는 것은 어불성설이 될 것 같
다. 수준급의 프랑스 전통 음식을 그에 걸맞은 가격에 만나볼 수 있는 프랑
스 비스트로라고 하는 것이 정확한 표현이다. 이 책에서 소개하고 있는 여
타의 비스트로들에 비해 가격대가 조금 높다는 이야기이기도 하다. 산지에
서 나는 제철 재료의 맛을 최대한 그대로 전하는 조리법을 지향하는 브누아
의 점심 메뉴는 앙트레-플라-데세르의 3코스가 34유로이며, 여기에 기분
을 낼 수 있는 와인 한 잔을 곁들이면 40유로가 훌쩍 넘지만, 100년 가까이
파리지앵들의 사랑을 받고 있는 프랑스 음식들을 맛보는 대가로는 전혀 아
깝지 않은 가격이다.

 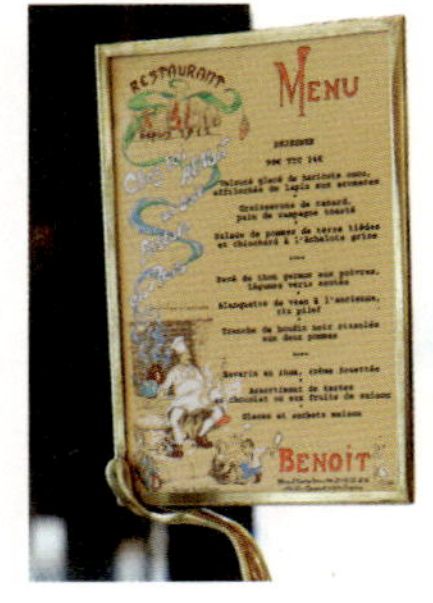

브리오슈를 곁들인 푸아그라 테린

Foie gras de canard confit, brioche parisienne toastée

진하고 느끼한 푸아그라를 따뜻하게 구워낸 브리오슈와 곁들여 먹는 풍미는 주저 없이 권하고 싶은 프랑스 요리의 맛 중 하나다. 다른 어떤 곳보다도 정통에 가까운 푸아그라를 선보이는 곳.

마늘, 허브 향의 버터에 구운 달팽이 요리

9 escargots en coquille, beurre d'ail, fines herbes

프랑스 요리, 하면 가장 먼저 떠올리는 것 중 하나인 달팽이 요리를 가장 전통적인 방식으로 만들고 담아낸다. 프랑스 식 달팽이 요리가 궁금했던 이들이라면 한 번쯤 시도해볼 만하다.

크림소스에 시금치, 갑새우를 곁들인 가자미

Filets de sole Nantua, épinards à peine crèmes

소스에 새우의 향이 좀 많이 감돌긴 하지만 부드러운 생선살과 탄력 있는 식감의 새우에 더해진 크림소스의
조화가 무난하다.

하얀 콩을 넣은 카술레

Cassoulet maison haricots blancs

브누아의 시그니처 요리 중 하나. 두툼한 냄비에 오
래오래 푹 끓여 질감이 부드러워진 소시지와 돼지
고기, 콩이 깊은 맛의 소스와 어우러진다.

바닐라 향의 정통 밀푀유

Millefeuille classique à la vanille

세 겹으로 이루어진 밀푀유 안에 딸기와 잉글리시
크림을 채워 만든 브누아의 대표적인 데세르. 맛도
맛이지만, 이렇게 두 사람이 나눠먹어도 될 만큼 큰
밀푀유를 내놓는 프랑스 식당은 많지 않다.

르 모데른
Le Moderne

주소 40, rue Notre Dame des Victoires, 2구
교통 메트로 3호선 Bourse
전화 01 53 40 84 10
영업시간 월요일–금요일 점심/저녁, 토요일 점심

부르스 드 파리Bourse de Paris, 즉 파리의 증권가 구역에 자리 잡고 있는 이 식당을 한마디로 표현하자면 '준비가 잘된 레스토랑'이라고 할 수 있을 것 같다.

가게의 외관은 파리의 오래된 비스트로들보다 조금 더 깔끔하다는 점을 제외하면 얼핏 그리 특별한 점이 없어 보인다. 짙은 밤색으로 칠한 식당의 정면 창 위에는 단순하고도 큼직한 글씨로 'LE MODERNE'이라는 이름이 적혀 있을 뿐이다. 하지만 작은 문을 들어서면 이내 따뜻한 밤색, 자주색과 흰색으로 꾸며놓은 인테리어가 손님들의 눈을 즐겁게 한다. 내부를 짐작할 수 없는 평범한 외부와는 다르게, 레스토랑 안쪽은 모던함과 클래식함이 아름답게 정돈된 분위기다. 가게 전반적인 인테리어나 장식은 프랑스나 남유럽 풍이라기보다는 북유럽 쪽의 취향에 가까운 듯하다.

메뉴판, 벽에 걸린 그림들, 테이블에 놓인 식기와 종업원들이 두르고 있는 에이프런, 가게 구석에 놓인 작은 장식 하나에 이르기까지 세심한 통일성과 세련된 취향이 느껴지는 곳이다. 손님이 이런 곳에 들어서는 순간 어떤 음식이 나오게 될까, 한층 더 기대하게 되는 것은 당연하다. 앙트레, 플라, 데세르의 정형적인 이름이 아니라 'd'abord, ensuite, pour finir', 즉 '우

선, 그다음에, 끝으로' 정도로 번역될 수 있는 재치 있는 단어들로 각 코스에 해당하는 요리들을 적어놓은 메뉴판의 작은 아이디어도 재미있다. 와인 메뉴 역시 그 와인을 추천한 전문가들의 이름과 사진을 곁들인 깔끔한 리스트로 준비해놓았다. 또한 젊고 활기찬 스태프들의 외모가 평균 이상이라는 점도 호감도를 더한다는 것이 나의 솔직한 코멘트 되겠다.

음식 역시 첫인상에서 주는 기대감을 배반하지 않는다. 인테리어는 현대적이고 깔끔하지만, 르 모데른의 음식들은 하나같이 전통적인 기본에 충실한 맛이었다. 그런 요리들을 인테리어에 어울리는 현대적인 감성의 프레젠테이션으로 담아낸 것 또한 이곳의 일관된 콘셉트를 느낄 수 있어 좋았다. 프랑스 음식을 떠올릴 때 특이하거나 화려한 것을 연상하는 이들에게도 만족감을 줄 수 있는 식당이다.

좋은 레스토랑에 가면 언제나 그렇듯 재료들은 신선하고 정해진 메뉴 안에서도 제철의 싱싱함을 잘 반영하고 있으며, 조리법은 기본에 충실하지만 구태의연한 맛은 아닌, 기분 좋은 균형과 조화가 느껴지는 맛. 인테리어도, 음식도, 생기 있고 친절한 직원들도 모두 손님을 맞이할 '준비가 제대로 된' 레스토랑이라는 첫인상을 배반하지 않는 기분 좋은 곳이다.

금융가 근처의 나름 손꼽히는 식당인 만큼 가격대가 저렴하지는 않지만, 이곳에서 느낄 수 있는 만족감을 감안한다면 마음 불편하지 않게 지불할 수 있는 30~40유로 대의 가격. 파리지앵과 소문을 듣고 찾아오는 관광객들 모두에게 인기가 높은 식당이니 예약을 하고 가는 편이 좋겠다.

푸아그라를 곁들인 버섯 퓌레

Foie gras poêlé et purée de champignon

버섯 퓌레에 색깔을 잘 살려 구운 푸아그라를 올리고 그 위에 다시 버섯과 처빌로 마무리한 앙트레. 제철 재료다운 향이 듬뿍 살아 있는 버섯 퓌레의 맛도 훌륭하고, 마무리로 다시 곁들인 버섯의 식감도 나무랄 데가 없다.

바삭한 튀김옷을 입혀낸 달걀과 아르간 오일에
버무린 여름 채소

*Oeuf de poule croustillant, fouillis de légumes
d'été à l'huile d'Argan*

달걀은 딱 좋을 정도의 반숙으로 익어 있고, 겉을
감싸고 있는 바삭한 반죽과 최소한의 소스만 더한
제철 채소들이 감칠맛을 낸다.

채소로 속을 채운 라비올리와 자두를 곁들인 농어

*Filet de petit bar en écaille d'agrumes, ravioli
de légumes au thé B and B*

라비올리의 반죽에는 찻잎을 넣어 초록빛이 감돌
고, 농어의 흰살과 자두의 색이 곁들여져 보기만 해
도 식욕이 돋는 요리. 재료들의 맛도 기막히게 어우
려져 있다.

가볍게 양념한 무화과를 곁들인
쉬프렘 소스의 뿔닭

Suprême de pintade fermière en croûte de spéculos, figues légèrement épicées

농장에서 직접 기른 뿔닭의 살과 살짝 양념에 조린 무화과, 오븐에 구워낸 샬롯과 버섯의 풍미가 제각각 뛰어
나면서도 절묘하게 하나의 완성된 맛을 만들어내는 요리. 좋은 재료의 식감이 돋보인다.

164

마요나라 향유에 구워낸 껍질을 벗긴 우럭과
바삭한 시실리 올리브의 폴렌타 빵

*Rouget barbé juste grillé à l'origan, polenta
croustillante aux olives de Sicilie*

올리브가 들어간 폴렌타의 고소한 맛과 딱 좋을 정
도로만 향유에 구워낸 생선의 조화가 좋다.

분홍 후추 열매 향이 들어간 초콜릿 타르트

*Tarte au chocolat grand cru infusé
au baies rose*

아주 모던하지만 맛 자체는 전통적인 기본을 잘 지
킨 타르트.

비스트로 멜락
Bistrot Mélac

주소 42, rue Léon Frot, 11구
교통 메트로 9호선 Charonne
전화 01 43 70 59 27
영업시간 12시–14시, 20시–22시 30분, 일/월요일 및 8월 휴무
홈페이지 www.melac.fr

메트로 9호선의 샤론 역 2번 출구로 나와 비스트로 멜락을 찾아가는 것은 그리 어렵지 않다. 11구에 자리 잡고 있는 이 소박한 비스트로는 이미 그 외관에서부터 존재감과 특성을 확실하게 밝히고 있기 때문이다. 식욕을 돋우는 빨간색의 창틀 위의 지붕에는 포도덩굴이 드리워져 있다. 관광객이라면 십중팔구 조화라고 생각하기 쉽겠지만, 천만의 말씀. 엄연히 매년 포도송이가 열리는 실물이다. 신기한 마음으로 포도덩굴을 바라보던 눈을 조금만 올려보면 로마신화의 주신酒神 바커스가 지붕 위로 난 나무 창문 안 술통 위에 앉아 거리를 내려다보며 술을 들이켜고 있다. 포도와 술의 신. 그렇다, 멜락은 프랑스인들이 흔히 비스트로 아 뱅bistrot à vins이라고 부르는 와인바 비스트로다. 그것도 파리에서는 최고의 대중적인 와인바라 할 수 있는 곳이다.

일반적인 비스트로와는 달리, 낮보다는 저녁 영업을 더 중요하게 생각하는 이곳의 분위기는 따뜻하면서도 활기차다. 시종일관 활발하게 서빙을 하는 종업원들과 입에 착착 감기는 와인들, 그리고 이 모든 것에 절로 녹아 들어갈 수 있는 분위기다. 가게 안은 인테리어라는 말을 붙이기에는 조금 조잡하지만 거부감은 전혀 들지 않는다, 이런 모습조차 1938년 와인 가

게로 시작한 이래 쭉 지켜온 이 비스트로 문화의 일부라는 것을 충분히 느낄 수 있기 때문이다. 좁은 식당 안의 벽에는 온통 와인들이 빽빽하게 꽂혀 있는 개방형 진열대가 있고, 카운터에는 특이하게도 와인 디스펜서에 꽂아 잔으로도 주문할 수 있는 네 종류의 와인이 진열되어 있다.

그 가격으로는 다른 파리의 레스토랑에서는 기대할 수 없는 음식과 와인, 그리고 친구처럼 대해주는 서비스가 있다. 기분으로 마시는 술, 와인이니만큼 어느새 한 잔 두 잔 기울이다보면 와인과 분위기, 어느 쪽에 취하는지 분간이 쉽지 않을 정도다. 묵직한 레드와인의 여운이 아직 남아 있는 채로 블루치즈 소스를 곁들인 오브락Aubrac 산 쇠고기를 한 입 베어물면서 조용히 속으로 되뇌어본다. Merci et bonne continuation! (감사합니다, 계속 이대로 머물러주세요!)

SANS
EST UNE JOURNÉE
SANS SOLEIL
Jacques MELAC
Bistrot à Vins
42, rue Léon FROT - 75011 PARIS
Téléphone: 01 40 09 93 37
Réouverture à : 20 heures

르 바빌론

Le Babylone

10, 12호선 Sèvre-Babylone

푸아그라 샐러드를 아침에 먹었는데도 맛있었던 곳. 우리의 된장찌개,
김치찌개가 흔해도 정작 맛있게 하는 식당을 찾기 어렵듯, 평범한
프렌치 드레싱이지만 기본에 충실한 곳이었다. 봉마르셰 백화점 바로 옆.

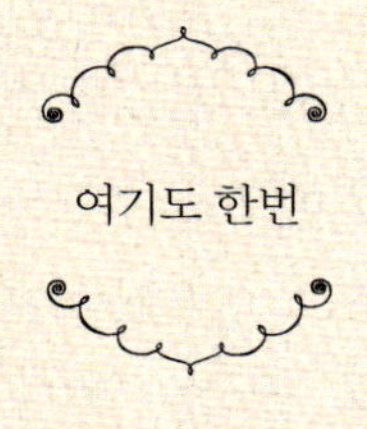

르 콩투아르

Le Comptoir

4, 10호선 Odéon

프랑스의 스타 셰프 이브 캉드보르드 Yves Camdeborde가 같은 건물의
호텔과 함께 운영하는 레스토랑. 관광객들에게 워낙 유명한 곳인데,
예약을 받지 않아 늘 식당 앞에 줄을 선 사람들이 보인다.

오 프티 샤비뇰

Au Petit Chavignol

주소 78, rue de Tocqueville, 17구
교통 메트로 3호선 Malesherbes
전화 01 42 27 95 97
영업시간 12시—15시, 19시 30분—23시 30분, 일요일 휴무

하루 일과가 모두 끝난 늦은 저녁, 지치고 스트레스 받은 발길을 집에 들여놓기 전에 마음 맞는 친구와 함께 잠시 들러 피로를 녹여버릴 수 있는 허물없는 동네 술집이 있다면 얼마나 좋을까? 파리의 17구에 자리한 작고 소박하다 못해 허름한 비스트로 오 프티 샤비뇰은 만약 내가 파리에 산다면 바로 그런 단골 술집으로 삼고 싶은 꿈의 식당이다.

마음씨 좋아 보이는 중년의 부부가 운영하고 있는 이곳은 하나도 신경 쓰지 않은 것 같은 인테리어와 보기만 해도 마음이 편해지는 소박한 분위기의 비스트로다. 하지만 겉모습만 보고 이곳의 음식까지 그저 그럴 것이라고 단정해서는 안 된다. 이곳은 2001년 부테유 도르Bouteille d'Or, 즉 가장 뛰어난 와인 비스트로에 주어지는 상을 받은 곳이기 때문이다.

이번 파리 여행에서는 특히 현지인들이 주로 갈 만한 곳들을 많이 찾아다녔지만, 이곳은 그중에서도 단연 여행객들보다는 파리지앵들, 특히 이 근처에 사는 이들이 손님의 대부분인 알짜배기 '현지 식당'이었다. 그리고 무엇보다 오 프티 샤비뇰을 강력히 권하고 싶은 이유는 이곳의 음식이나 와인이 가격 대비 환상적인 수준이라는 점. 우리나라에서는 30~40만 원대

를 훌쩍 넘는 와인들도 이곳에서는 10만 원 선에서 만날 수 있다. 이 책에서 소개하고 있는 대부분의 비스트로가 전혀 비싼 곳들은 아니지만, 오 프티 샤비뇰은 그중에서도 넉넉지 않은 여행자의 주머니를 생각할 때 꼭 한 번은 가봐야 할 곳이다.

프랑스 중부의 팍팍한 산악지대 근처 오베르뉴 지방의 음식들을 전문으로 하고 있는 이곳의 특기는 햄, 소시지, 부댕, 파테, 테린 등의 육류 가공품들. 그날그날 들어오는 재료들 역시 비둘기, 소, 양, 토끼 등의 육류라고 한다. 집에서 갓 삶아내 투박하게 듬성듬성 자른 수육을 접시에 수북이 담아주는 것 같은 모양새로 인심 좋게 접시에 담겨 나오는 햄, 소시지, 스테이크 등의 배부른 요리에 곁들여 적정 가격대의 흠잡을 데 없는 와인을 기울이다보면 바로 여기가 '진짜 사람이 살고 있는' 파리구나 하는 생각이 든다. 다음번에 파리를 간다면 꼭 다시 가볼 레스토랑으로 제일 먼저 꼽고 싶은 곳이다.

BAR
A
VINS
RESTAURANT
BR
FRU
SAN M
AW-

감자 그라탱을 곁들인 프라이팬에 구운 쇠고기 스테이크
Entrecôte de boeuf poêlé gratin

메뉴에 있는 스테이크는 350그램 정량이지만, 500그램으로 주문해서 절반을 뚝 잘라 둘이서 나누어 먹는 것도 누구 하나 섭섭지 않게, 넉넉한 마음으로 즐길 수 있는 방법.

소시지 모둠 요리

Assiette de saucission à l'ail

소시지, 부댕, 테린 등 다양한 육가공품을 한꺼번에 맛볼 수 있는 메뉴. 어느 하나 할 것 없이 모두 훌륭한 맛으로 일행의 눈치를 보며 경쟁적으로 먹어야 할 정도다. 결국 우리 일행은 큰 접시로 하나 더 시켜먹었다.

파리의 해산물 식당

르 프티 마리우스
카페 드 파리

자원이 풍부한 이베리아해와 지중해를 면하고 있는 남부를 제외한 나머지 프랑스 지역에서는 사실 해산물 메뉴보다는 육류나 그 가공품, 그리고 유제품을 이용한 요리들이 훨씬 다양하게 발달해 있다. 파리의 카페나 비스트로에서 발견하게 되는 메뉴들 역시 육류를 이용한 음식들이 더 많고, 조리법에 있어서도 육류 쪽이 더 다양하다. 하지만 프랑스의 맛있는 요리들은 다 모여 있는 파리에서 해산물을 제대로 먹을 수 있는 곳이 없다면 말이 되지 않을 터. 방금 바다에서 잡아올려 펄떡펄떡 뛰고 있는 생선은 아니지만, 탁월한 선도를 유지하고 있는 해산물들을 합리적인 가격에 만날 수 있는 파리의 해산물 식당 두 곳을 소개한다.

차가운 파리의 가을 혹은 겨울 밤, 뜨끈한 것이 먹고 싶을 때는 해산물 수프인 부야베스를, 살랑살랑 바람이 부는 날씨 좋은 밤에는 싱싱한 해산물이 커다란 접시에 척척 걸쳐 나오는 해산물 플레이트와 시원한 화이트와인을 함께하는 것도 좋겠다.

르 프티 마리우스 Le Petit Marius

주소 6, avenue George V, 8구
교통 메트로 9호선 Alma-Marceau
전화 01 82 28 77 38
영업시간 12시−14시 30분, 19시−23시, 연중무휴
홈페이지 www.lepetitmarius.com

파리 최고의 해산물 레스토랑 중 하나인 마리우스 에 자네트Marius & Janette 와 같은 주인이 바로 옆집에 경영하고 있는 해산물 중심의 비스트로. 원래 르 비스트로 드 마리우스Le Bistro de Marius라는 이름으로 불리다가 최근 르 프티 마리우스로 이름을 바꾸었다. 형제 가게라 할 수 있는 마리우스 에 자네트와 같은 거래처의 해산물을 취급하는 관계로, 고급 레스토랑의 높은 가격대는 부담스럽지만 신선하고 맛있는 해산물 요리를 즐기고 싶은 이들에게 적당한 곳이다.

스코틀랜드에서 들여오는 연어를 제외하고는 모두 양식이 아닌 자연산을 쓴다는 점을 강조하고 있다. 해산물 모둠 플레이트를 시켜서 시원한 화이트와인을 곁들여도 좋겠다. 게를 빼고 홍합, 조개 등 모든 것이 날것으로 나오는 플레이트지만 이 집의 해산물이라면 그 신선도를 믿을 수 있기 때문이다. 신선한 생선들을 담백한 남프랑스 식으로 조리해내는 플라들도 수준급의 맛이며, 무엇보다 가격에 비해 훌륭한 요리들을 제공한다. 테라스에도 꽤 많은 자리가 있어 선선한 바람이 부는 파리의 여름날 저녁, 프랑스 바닷가의 정취를 즐겨보는 것도 운치 있는 경험이 될 것 같다.

카페 드 파리 Café de Paris

주소 10, rue de Buci, 6구
교통 메트로 4호선 Saint-Germain-des-Prés
전화 01 46 34 84 11
영업시간 12시–14시 30분, 19시–23시, 연중무휴

인터넷을 검색해봐도 같은 이름의 레스토랑들이 수십 개가 뜰 정도로 독창성 없는 이름을 가진 곳이지만, 파리 6구 카르티에 라탱의 뒷골목에 자리 잡고 있는 꽤 괜찮은 해산물 전문식당이다. 이곳을 찾아갔을 때는 저녁식사 시간도 지난 늦은 시각이었는데, 가게 안팎의 테이블은 온통 사람들로 가득했다. 이곳만 환하게 불을 밝히며 북적거리고 있는 모습에서 '제대로 찾아왔구나!' 하는 으쓱한 안도감이 느껴졌던 곳.

이 책을 위해 이미 하루 네 끼가 넘는 식사로 배가 몹시 부른 상태였지만, 기분 좋은 떠들썩함이 느껴지는 실내에 앉아 시원한 샤블리 한 병과 신선한 석화를 시켜놓고 함께 간 사진작가와 이런저런 이야기들을 나눈 기억은 아직도 파리의 가장 좋았던 순간들 중 하나로 기억된다. 프랑스의 식당에서 석화를 시키면 그 위에 레몬즙과 함께 곁들일 수 있도록 새콤한 소스를 주는데, 신선한 굴이라면 이 소스를 끼얹지 않고도 레몬즙만 곁들여서도 얼마든지 본연의 풍미를 완벽하게 느낄 수 있다. 약간의 비릿한 굴 향을 차가운 샤블리가 씻어내주는 더할 나위 없는 궁합을 만끽해보자.

블레 쉬크레
Blé Sucré

주소 7, rue Antoine Vollon, 12구
교통 메트로 8호선 Ledru-Rollin
전화 01 43 40 77 73
영업시간 주중 7시−17시 30분, 일요일 7시−13시 30분

프랑스어로 아침식사는 프티 데죄네petit-déjeuner, 즉 '작은 점심'이라는 뜻이다. 점심에 높은 비중을 두는 프랑스인들에게 아침은 되도록 간단히 챙겨먹는 끼니다. 프랑스에서 만나게 되는 아침은 영국이나 미국 등에 비해 매우 단출하다. 서양식 아침식사를 떠올릴 때 가장 흔히 생각하는 메뉴인 달걀, 베이컨, 소시지 등은 전통적인 프랑스 아침 식단에서는 전혀 찾아볼 수 없는 것들이다.

가장 평범한 프랑스 식 아침식사에 빠지지 않는 것 두 가지는 바로 커피와 빵이다. 낮에는 우유가 들어간 커피를 거의 즐기지 않는 프랑스인들도 아침에는 우리나라의 국대접만 한 크기의 볼에 우유가 듬뿍 들어간 커피, 카페오레café au lait를 마시기도 한다. 그리고 그에 곁들이는 빵 중에 가장 대표적인 것이 타르틴과 크루아상이다. 갖은 메뉴들을 아침 뷔페로 내놓는 규모가 아주 큰 특급 호텔들을 제외하면, 프랑스의 호텔들 대부분이 아침식사로 내놓는 것도 여기에 더해 페이스트리 종류 몇 가지와 과일 주스나 요거트, 크게 인심을 쓰면 치즈 한두 가지나 얇은 햄 몇 조각 정도에 불과하다.

하지만 짙고도 부드러운 카페오레를 한 모금 마시고, 갓 구워낸 바

게트를 반으로 가른 뒤 신선한 버터와 과육이 씹히는 홈메이드 잼을 두껍게 발라 먹는 맛은 이루 말할 수 없을 정도다. 버터를 듬뿍 넣고 반죽해 켜켜이 겹친 후 구워낸 페이스트리인 크루아상은, 온기가 가시지 않은 상태로 한 입 베어물면, 입안 전체를 풍부하게 휘감아도는 버터와 바삭하면서도 부드러운 얇은 페이스트리가 동시에 녹아 사라지는 듯한 맛이 일품이다.

간단한 아침이지만, 맛있는 바게트, 맛있는 크루아상에 대한 프랑스인들의 열정은 대단해서, 맛있기로 소문난 불랑주리 앞은 아침마다 갓 나온 빵을 사려는 동네 주민들로 문전성시를 이룬다. 대부분의 가게들이 아침 10시에 열면 이른 개점이라고 여겨지는 프랑스에서조차 불랑주리들은 새벽 4~5시부터 맛있는 냄새를 폴폴 풍기며 부지런히 빵을 구워낸다. 호텔에서 주는 아침식사를 먹는 것도 좋지만, 숙소가 있는 동네의 불랑주리 위치를 파악해두었다가 한 번 정도는 아침에 사온 따끈한 바게트와 크루아상으로 파리지앵의 아침식사를 즐겨보길 바란다.

맛 좋은 빵집이라고 추천받은 블레 쉬크레는 달콤한 밀이라는 뜻. 파리의 브리스톨 호텔, 플라자 아테네 호텔 그리고 칸의 호텔 마르티네즈 등의 최고급 호텔에서 일했던 제빵사 파브리스 르 부르다가 오픈한 불랑주리이자 파티스리다. 적절한 가격에 최고급의 빵과 케이크를 판매하고 있다. 특히 아침용 빵인 크루아상과 팽 오 쇼콜라가 유명하며, 파리 최고의 팽 오 쇼콜라를 뽑는 투표에서 1위로 선정된 적도 있을 정도로 명성이 높다. 특히 프랑스의 전통과자인 마들렌, 각종 타르트 그리고 밀푀유는 멀리서라도 찾아와 먹을 만하다는 평이며, 전통적인 빵들보다는 대니시 스타일의 빵들이 더 뛰어나다.

공간이 넓지 않은 가게 밖에 몇 개의 테이블이 있고 샌드위치, 미니 피자 등이 포함된 런치 메뉴 역시 내놓고 있다. 트루소 광장을 사이에 두고 바로 길 건너에 있는 식당, 르 스쿠아르 트루소에서 블레 쉬크레의 제과들을 메뉴에 올려놓고 있을 뿐 아니라, 이 집의 크루아상과 팽 오 쇼콜라가 포함된 아침 메뉴를 판매하고 있다.

생 제르맹 데 프레의 카페들

레 되 마고
카페 드 플로르
르 프로코프

어느 모퉁이, 어느 거리, 저마다의 매력이 없는 곳이 없는 파리에서도 내가 가장 사랑하는 동네가 생 제르맹 데 프레Saint Germain des Prés다. 유서 깊은 극장과 대학들, 출판사들이 오래전부터 이곳에서 프랑스의 지성과 문화의 부흥을 일구어냈고, 파리의 다른 구역들과는 색다른 젊고 세련된 분위기가 동네 곳곳에 넘쳐흐른다. 처음 파리에 도착해 이곳에 왔을 때는 마냥 그 분위기에 취해 사랑에 빠졌고, 두번째에는 이곳의 수많은 카페와 레스토랑에서 만나게 되는 커피와 음식에 빠져들었고, 세번째부터는 비로소 이곳의 문화와 역사를 차분히 바라볼 수 있게 되었다.

생 제르맹 데 프레의 어느 카페, 어느 브라스리 하나 평범한 곳이 없고, 어느 곳이건 프랑스 문화사의 한 축을 담당했던 이들의 자취가 남아 있지 않은 곳이 없다. 그러기에 어느 카페의 테라스에서라도 에스프레소 한 잔을 두고 책 한 권 읽어볼 일이다. 다음의 세 곳은 이제는 누구나 다 가는 관광 명소가 되어 이전과 같은 파리지앵들의 카페 분위기는 느낄 수 없을지 몰라도, 파리를 처음 방문하는 이들이라면 한 번쯤은 방문해봐도 좋을, 이 지역의 간판이라고 할 수 있는 카페들이다.

레 되 마고 Les Deux Magots

주소 6, place Saint Germain des Prés, 6구
교통 메트로 4호선 Saint Germain des Prés
전화 01 45 48 55 25
영업시간 7시 30분–다음날 새벽 1시 30분
홈페이지 www.lesdeuxmagots.fr

1983년 직물점으로 문을 열었다가 와인숍을 거쳐 1914년 카페로 바뀌었다. 프랑스 지성과 문화의 역사에서 가장 중요한 무대 중 하나였던 생 제르맹 데 프레 지역의 수많은 카페들 중에서도 가장 독보적인 명성을 간직하고 있는 이 유서 깊은 카페는 실존주의 철학의 대가인 사르트르와 그의 운명의 동반자였던 시몬 드 보부아르, 그리고 파리를 고향만큼 사랑했던 미국의 대작가 헤밍웨이의 단골 카페로 유명해졌다. 1933년 젊고 패기 넘치는 문인들에게 수여하는 대안적인 문학상, 프리 데 되 마고Prix des Deux Magots를 창시했고 이 상은 아직도 그 명맥을 유지하고 있다. 파리를 동경하는 외국인 관광객들에게 있어서는 파리의 카페와 동의어로 여겨질 만큼 유명하고, 모든 관광명소들이 그러하듯 비싼 가격과 부산스러움을 감수해야 하지만, 아직도 변하지 않은 고풍스러운 분위기와 빈틈없이 유니폼을 차려 입은 웨이터, 가르송garçon들의 서비스를 누리기 위해 한 번쯤은 들러볼 만한 가치가 있는 곳이다. 단, 사람이 가장 없을 것 같은 시간에 가보기를 추천한다.

카페 드 플로르 Café de Flore

주소 172, Boulevard Saint Germain, 6구
교통 메트로 4호선 Saint Germain des Prés
전화 01 45 48 55 26
영업시간 오전 7시–새벽 1시 30분
홈페이지 www.cafedeflore.fr

전통의 라이벌인 레 되 마고와 더불어 파리에서 가장 유명한 카페 중 한 곳인 카페 드 플로르 역시 제2차 세계대전 당시 사르트르가 자주 출입했던 곳이며 이 카페의 테라스에서 많은 저서들을 집필하기도 했다. 프랑스의 수많은 문화 예술계 인사들이 즐겨 찾았던 이곳의 대표적인 단골손님들로는 카뮈, 피카소 그리고 아폴리네르 등이 있다. 지금은 비록 현지인들보다 관광객들이 훨씬 더 많이 드나드는 관광 명소가 되었지만, 문화 예술에 대한 수많은 토론과 생산이 이루어졌던 그때와 다름없는 유서 깊은 인테리어는 여전하며, 파리의 어느 카페보다 격식 있고 자존심 높은 가르송들의 서비스를 즐길 수 있다. 이곳 역시 프리 드 플로르Prix de Flore를 제정해 1994년부터 해마다 문학상을 수여하고 있다.

르 프로코프 Le Procope

주소 13, rue de l'Ancienne Comédie, 6구
교통 메트로 4, 10호선 Odéon
전화 01 40 46 79 00
영업시간 11시 30분–자정 또는 새벽 1시, 연중무휴
홈페이지 www.procope.com

현재 영업을 하고 있는 카페들 중에서는 가장 오랜 역사를 자랑하는 곳이다. 1686년 파리에 들어선 최초의 카페였으며, 당시 상류층들만이 즐길 수 있는 이국적인 음료였던 커피를 공개적인 장소에서 처음으로 제공한 곳이다. 또한 처음으로 소르베sorbet(셔벗) 아이스크림을 상업적으로 판매한 곳이기도 하다. 이후 브라스리로 전환하면서 각종 프랑스 전통요리들까지 함께 내놓기 시작했고, 지금은 이 지역뿐 아니라 파리를 대표하는 역사적인 식당으로 명성을 떨치고 있다.

생 제르맹 데 프레의 나머지 명소들처럼 이곳 역시 프랑스 문화를 대표하는 지성인들과 예술인들이 즐겨 찾았던 곳이다. 거의 모든 음식들이 수준급의 맛을 자랑하지만, 아이스크림을 처음으로 판매했던 곳답게 데세르 메뉴가 특히 뛰어난 식당이다. 생 제르맹 데 프레에서 단 한 군데를 선택해서 가야 한다면 이곳을 추천하고 싶다.

크레프리 드 조슬랭

Crêperie de Josselin

Crêperie Josselin
CREPERIE   JOSSELIN
Crêperie de Josselin

주소 67, rue du Montparnasse, 14구
교통 메트로 6호선 Edgar Quinet
전화 01 43 20 93 50
영업시간 12–14시 30분, 18시–23시 30분, 토요일 휴무

파리에도 많은 크레프리들이 있지만 가장 유명한 곳은 아무래도 몽파르나스 지역에 밀집해 있는 크레프 거리일 것이다. 그중에서 입맛 까다로운 파리지앵들은 물론, 전 세계 관광객들까지 반하게 한 곳이 바로 이곳, 크레프리 드 조슬랭이다. 크레프 거리 양쪽에 길게 자리하고 있는 수십 군데의 크레프리들 가운데 언제나 기다리는 줄이 길게 늘어서 있고, 아주 운이 좋은 경우가 아니라면 대기시간을 각오해야 하는 곳이다. 메뉴가 메뉴인 만큼 테이블 회전율은 높은 편이니 너무 걱정할 필요는 없겠다.

빨간색과 하얀색의 소박한 차양 밑으로 난 문을 들어서면 발밑에 색색의 작은 타일들로 브르타뉴의 성과 크레프리 드 조슬랭이라는 가게 이름을 예쁘게 박아놓은 그림이 인상적이다. 투박해 보이는 테이블과 의자, 그리고 그 위에 놓인 오렌지색 종이 냅킨의 세팅이지만 구석구석 진열된 도자기 인형, 기둥마다 따뜻한 노란색을 발하는 램프들, 벽 위쪽에 스테인드글라스처럼 밝게 빛나고 있는 소박한 성의 그림들이 마치 브르타뉴 지방 어딘가에 있는 할머니 댁에 놀러온 것 같은 포근함을 자아내고 있다.

흘려쓴 손글씨처럼 빼곡하게 들어차 있는 메뉴들은 대체로 10유

로 안팎이며, 여러 가지 크레프 중에서 본인의 입맛에 맞게 플라 또는 데세르 용 크레프를 선택해서 먹는 재미가 있다. 10유로를 한화로 환산하면 1만 5천 원이 넘으니 뭐가 싸다는 건가하는 생각이 들 수 있겠지만, 현지의 물가를 생각하면, 10유로 언저리의 가격에 한 끼 식사를 해결할 수 있는 음식은 많지 않다. 주재료에 따라 메밀sarrasin 크레프 메뉴(짠맛의 플라)와 밀가루 froment 크레프 메뉴(단맛의 데세르)로 나뉘어 있다. 햄, 치즈 등이 곁들여지는 짭짤한 크레프를 취향대로 선택해 플라로 먹고, 초콜릿, 크림, 혹은 산뜻하게 설탕만을 뿌린 달콤한 크레프를 데세르로 즐겨보는 것도 좋겠다. 무엇보다 크레프에 가장 잘 어울리는 음료인 사과주, 시드르를 함께 맛보는 것을 잊지 마시길.

조슬랭

Josselin

가게의 이름을 딴 대표적인 메뉴. 햄, 치즈, 버섯이 들어간다. 플라로 먹는 크레프 중에서는 가장 무난하게 먹을 수 있는 구성이다. 짭짤한 햄과 풍미가 있는 버섯이 치즈에 잘 녹아 있다.

쿠플 오 쇼콜라

Couple au chocolat (Maison)

수제 초콜릿을 녹여 넣은 초콜릿 크레프. 쌉쌀한 맛이 느껴질 만큼 진한 초콜릿과 따뜻한 달걀 크레프가 잘 어울린다. 배가 살짝 고프거나 간단히 먹고 싶을 때는 식사 대용으로도 좋다.

메네아크

Ménéac

시금치와 산양 치즈가 들어간 크레프. 상당히 특이한 맛이라 모두에게 권할 수 있는 것은
아니지만, 향이 강한 치즈나 지역색 강한 프랑스 요리에도 어느 정도 익숙한 사람이라면
용감하게 시도해볼 만하다. 의외의 조합이다 싶은 시금치와도 잘 어우러진다.

쇼콜라 바이스
Chocolat Weiss

주소 62, rue de Seine, 6구
교통 메트로 10호선 Mabillon
전화 01 43 29 42 17
영업시간 월-토요일 10시-20시, 일요일 10시-13시
홈페이지 www.chocolat-weiss.fr

프랑스인들에게 초콜릿은 단순히 밸런타인데이나 연인과의 기념일에만 먹는 특별한 음식이 아니다. 프랑스의 어느 카페를 가도 커피를 시키면 초콜릿 한 조각이 딸려 나오고, 프랑스 사람들이 식사 후 가장 많이 선택하는 것 역시 초콜릿이 들어간 데세르다. 이 정도면 초콜릿에 대한 프랑스인들의 선호를 넘어선 사랑을 짐작할 수 있겠다. 실제 프랑스에는 세계 어느 곳보다 많은 쇼콜라트리chocolaterie(초콜릿 전문점)가 있으며, 한평생 초콜릿만을 연구한 쇼콜라티에chocolatier(초콜릿 장인)들의 손에서 가게마다 특색 있는 초콜릿 제품들을 내놓고 있다.

1882년에 문을 연 명가 바이스 역시 단순한 초콜릿이 아니라 그 이상의 무언가, 프랑스 문화의 일부를 경험하게 한다는 철학으로 100년 넘게 초콜릿을 만들어오고 있다. 연보라색과 회색의 깔끔하고 현대적인 인테리어 때문에 막 개업한 곳 같은 인상을 주지만, 사실 이곳은 초콜릿으로 그야말로 일가를 이룬 가장 오래된 쇼콜라트리 중 한 곳이다.

중부 유럽에서 프랄리네praliné(설탕으로 견과류를 조리는 작업) 견습을 5년간 받은 창업자 외젠 바이스는 이를 초콜릿 제조에도 도입한 최초의

쇼콜라티에다. 현재도 바이스의 스테디셀러인 제품들은 프랄리네 기술을 이용한 것들이 많다. 또한 외젠 바이스는 여러 지역의 카카오 빈들을 섞어 새로운 맛을 발견하고 만들어내는 것에 심혈을 기울인 진정한 맛의 발명가이자 선구자로 평가받고 있기도 하다. 부드럽고도 깊은 풍미의 바이스 초콜릿이 세대를 거쳐 이어져 내려올 수 있었던 데는 이런 실험정신이 밑바탕이 된 셈이다. 또한 프랑스 초콜릿의 정통적이면서도 자연주의적인 제조법에 충실하려고 하며, 방부제나 색소를 전혀 사용하지 않는다는 것, 100퍼센트 순수 코코아버터만을 제품에 사용한다는 원칙을 고집스레 지켜오고 있다.

이제 바이스는 생테티엔에 본사가 있고, 파리를 비롯해서 리옹, 스트라스부르, 릴 등의 프랑스 전역에 쇼콜라트리를 운영하고 있는 큰 기업이 되었지만, 여행자로서 쇼콜라티에의 손맛을 느끼기에는 부족함이 없다. 파리의 매장에는 초콜릿으로 만든 모든 간식이 모여 있다고 해도 과언이 아니다. 여행을 마무리하면서 선물용으로 골라봐도 좋겠다. 내가 맛본 초콜릿 중에서는 100년 전부터 지금까지 변함없는 레시피로 만들어지고 있는 바이스의 히트 상품 록산느Roxane를 추천한다. 로맨틱한 선물을 원한다면 내추럴 시트러스 향이 가미된 화이트 초콜릿 안에 딸기 젤리가 들어 있는 루주 베제Rouge Baiser를 권한다. 이름부터 '붉은 키스'인 이유가 있다.

바이스에서는 단순히 초콜릿을 맛보는 것이 아니라, 프랑스 문화의 일부를 경험하게 되는 것이라고 눈을 반짝이며 바이스의 역사와 철학을 설명해주던 가게 매니저의 마지막 한마디에 자부심이 느껴진다. "어떤 초콜릿을 드실 건지 알려주시면, 당신이 어떤 사람인지 제가 알려드리죠."

마리아주 프레르

Mariage Frères

살롱 드 테 : 1, 11호선 Hôtel de Ville
4호선 Saint Michel
2호선 Ternes
1, 7호선 Palais Royal-Musée du Louvre

여행을 다니다가 점심과 저녁 사이 출출할 때 잠깐의 여유와 칼로리 충전을 위해
들러볼 만한 곳. 에스프레소 커피 일색인 파리에서 색다르게 애프터눈 티를
즐길 수 있는 살롱 드 테와, 가격도 합리적이어서 관광객들의
선물로도 손색없는 수백 가지 홍차를 구입할 수 있는 매장이 시내 곳곳에 있다.

파리에서 만나는 세계의 요리들

시노라마
포 반 쿠웅 14

파리에서는 프랑스 음식들만 찾아다니며 먹어도 시간이 모자랄 정도로 맛있는 식당들이 많지만, 아무래도 외유가 길어지다보면 익숙한 맛을 그리워하게 되는 시기가 온다. 그리고 '국물'을 좋아하는 우리나라 사람들은 특히 몸이 지칠 때면 '시원한 국물' 한 그릇 먹고 싶다는 생각이 절로 떠오르기 마련이다. 이럴 때 비교적 익숙한 맛이면서도 현지인들에게 사랑받고 있는 아시아 식당들을 찾아가 한 끼를 해결해보는 것은 어떨까. 이 또한 한국에서는 맛볼 수 없는 별미가 될 수 있겠다.

Restaurant Chinois SINORAMA
大家樂

주소 135, avenue de Choisy, 13구
교통 메트로 7호선 Tolbiac
전화 01 44 24 27 81
영업시간 12시—다음날 새벽 2시

파리 13구에 자리 잡고 있는 많은 중식당들 중에 중국인들과 프랑스 현지인들의 입맛을 만장일치로 만족시켜주고 있는 식당. 서비스는 거칠고 식사시간, 특히 주말이면 손님들로 붐비는 실내가 혼을 쏙 빼놓을 정도로 소란스럽지만 이곳의 음식들을 먹으면 그런 단점들쯤은 사소하게 느껴진다. 칸토니즈Cantonese 레스토랑으로 광동 요리를 내세우고 있지만, 껍질을 바싹 구운 북경식 오리가 이곳을 대표하는 메뉴 중 하나이며, 마늘과 극소량의 간장만으로 양념을 한 중국식 채소 요리와 각종 국물 요리들도 빵과 버터에 지친 입맛에 작은 활력을 준다.

포 반 쿠옹 14 Pho Banh Cuon 14

주소 129, avenue de Choisy, 13구
교통 메트로 7호선 Tolbiac
전화 01 45 83 61 15
영업시간 9시—23시, 연중무휴

시노라마와 거의 이웃하고 있으면서, 그에 못지않은 성황을 이루는 베트남 레스토랑. 중국 식당뿐 아니라 다양한 동남아시아 식당들 역시 자리하고 있는 차이나타운 안에서 포pho, 즉 베트남 쌀국수로는 독보적인 인기를 자랑하는 곳이다. 주말 점심때가 가까워오면 식당 앞은 줄을 서서라도 기다리는 사람들로 장사진을 이룬다. 쌀국수가 거기서 거기라고 생각하면 오산. 맑게 우려낸 육수에 면발이 살아 있는 국수와 그 위에 반쯤 익혀서 올라가 있는 쇠고기는 보는 것만으로도 군침이 돈다. 혀를 델 정도로 뜨거운 국물에 딱 좋을 만큼 익은 쇠고기와 숙주를 해선장 소스 또는 칠리 소스에 찍어 국수 면발과 함께 곁들이는 것이다. 튀긴 에그롤인 넴nem은 베트남 음식이면서도 프랑스에서는 어느 중국 식당에서나 만나볼 수 있는데, 이곳의 넴은 역시 타의 추종을 불허하는 본토의 맛이라는 평이다.

RESTAURANT
Phở
14
Phở 14
RESTAURANT PHỞ BÁNH CUỐN 14
PHO BANH CUON 14
REST
PHỞ
VENTE
A
EMPORTER
MENU

파리의 아케이드, 파사주와 갈르리

갈르리 베로-도다
갈르리 비비엔

파사주passages 혹은 갈르리galeries는 쉽게 설명하자면 지상으로 나 있는 아케이드와 같은 공간이다. 19세기 초반에 가장 왕성하게 건설되었으며, 처음에는 상인들이 먼지가 심한 저잣거리를 피해 안전하고 깔끔한 길로 통행할 수 있도록 실내 통행로를 만들어주려는 의도로 건설되었다고 한다. 시내 중심부의 큰 길들을 연결하는 지름길 역할을 하기도 했으며, 이용자들이 많아지면서 곧 내부에 상점들이 들어서게 되었다. 한창 파사주가 융성하던 시기에는 파사주별로 각기 다른 종류의 상점들이 모여 상권을 형성하기도 했다. 오스만의 파리 재건 이후 파사주의 역할이 쇠퇴하면서 과거의 영화로운 위상은 많이 퇴색되었으나, 보존할 만한 가치가 있는 아름답고 고전적인 건축 양식으로 인해 문화재로 지정된 곳이 많다. 각기 다른 매력을 지니고 있는 파사주들의 좁고 아늑한 길을 걸으면서 양옆으로 들어서 있는 특색 있고 고급스러운 부티크들을 구경해보는 것도 파리의 숨겨진 매력을 즐기는 한 방법이다.

갈르리 베로-도다 Galerie Vero Dodat

주소 1구, Les Halles 지역
　　시작지점 19, rue Jean-Jacques Rousseau
　　끝지점 2, rue du Bouloi

갈르리 베로-도다는 1826년 19세기 초의 건축양식이 절정에 달했을 무렵 건설되었는데 원래는 레 알Les Halles과 팔레 루아얄Palais Royal을 이을 목적이었던 여러 개의 파사주의 일부분이었다고 전해진다. 베로-도다라는 이름은 파사주의 공동 투자자였던 두 명의 이름을 따른 것이다. 처음 만들어진 때의 건축 양식은 물론, 19세기 고풍스러운 파리의 멋과 우아한 분위기가 아직도 고스란히 보존되어 있어 그 자체만으로도 꼭 가볼 가치가 있는 장소다. 파사주 내에 현대 미술 화랑, 고가구상, 고서적상, 고급 의상실 등이 자리 잡고 있어 격조 있는 볼거리를 제공하고 있다.

베로 도다 Vero Dodat

주소 19, Galerie Vero Dodat, 1구
교통 메트로 1호선 Louvre-Rivoli
전화 01 45 08 92 06
영업시간 화요일 12시-14시 30분,
　　　　　수요일-토요일 12시-14시 30분, 19시-21시 30분

갈르리 베로-도다 내에 위치하고 있는 가장 유명한 레스토랑. 육류 음식이
특히 맛있는 곳으로 오븐 구이한 어린 양고기 요리가 그중에서도 별미라 할
수 있다.

카페 드 레포크 Café de l'Époque

주소 2, rue du Bouloi, 1구
교통 메트로 1, 7호선 Palais Royal-Musée du Louvre
전화 01 42 33 40 70
영업시간 8시–23시, 연중무휴

갈르리 베로 도다가 끝나는 지점에 바로 위치하고 있다. 갈르리 내부와 대로변 양쪽으로 출입문이 있어 양쪽이 서로 다른 장소, 다른 느낌을 주는 카페. 프랑스 문인 네르발이 인생을 마감하기 직전 마지막 커피 한 잔을 마셨다고 전해지는 곳이다.

갈르리 비비엔 Galerie Vivienne

주소 2구, Bourse 지역
　　시작지점 4, rue des Petits-Champs / 5, rue de la Banque
　　끝지점 6, rue Vivienne
홈페이지 www.galerie-vivienne.com

팔레 루아얄과 증권거래소, 그랑 불바르Grand Boulevards 사이라는 지리적인 조건으로 인해 19세기에는 파리에서 가장 상업적이라고 평가받던 이 갈르리는 제2공화국 시대에 그 전성기를 누렸다. 한때 사양기에 접어드는 했으나, 최근 들어 장–폴 고티에 등의 유명 디자이너 부티크와 고급 인테리어 사무실 등이 들어서면서 다시 활기를 띠고 있다.

　　고전적인 멋과 현대적인 감각이 조화를 잘 이루고 있으며 아름다운 자연 조명으로 유명한 갈르리다. 특히 낮 시간에는 자연 채광을 그대로 받아들이는 유리 천장, 그 채광을 받아 빛을 내는 벽과 바닥의 화려한 바닥재와 모자이크의 아름다움이 탄성을 불러일으킬 정도다. 갈르리 내에 자리잡은 다양한 부티크들의 쇼윈도를 구경하는 즐거움이 쏠쏠하다.

아 프리오리 테 À Priori Thé

주소 35-37, Galerie Vivienne, 2구
교통 메트로 3호선 Bourse
전화 01 42 97 48 75
영업시간 월요일-금요일 9시-18시
         토요일 9시-18시 30분
         일요일 12시-18시 30분

찻집, 살롱 드 테로 1980년 처음 문을 열었다. 좁지만 따뜻하고 소박하면서
도 활기찬 분위기로, 갈르리의 아름다운 유리 창문 아래 자리한 테라스 쪽
의 테이블들이 특히 운치 있다. 다양한 종류의 차, 홈메이드 디저트를 구비
하고 있으며 특히 과일 크럼블 종류가 맛있다. 샐러드와 간단한 식사 메뉴
가 준비되어 있고, 점심, 특히 브런치로 유명한 주말은 매우 붐빈다.

르 그랑 피유 에 피스 Le Grand Filles et Fils

주소 12, Galerie Vivienne
     (1, rue de la Banque), 2구
교통 메트로 3호선 Bourse
전화 01 42 60 07 12
영업시간 월요일 11시–17시
         화요일–금요일 10시–19시 30분
         토요일 10시–19시
홈페이지 www.caves-legrand.com

파리에서 가장 오래된 와인숍이자 와인 관련 용품 판매점이다. 갈르리 비비
엔 쪽의 입구와 대로변 입구가 따로 있으며, 각각 와인숍과 와인용품점의
입구로 나뉘어 사용된다. 그랑 크뤼 급의 고급 와인부터 일반 가정에서 손
쉽게 마실 수 있는 소박한 와인들까지 다양하게 구비하고 있으며, 와인과
관련한 액세서리 제품들로는 거의 최고라고 볼 수 있는 곳이다.

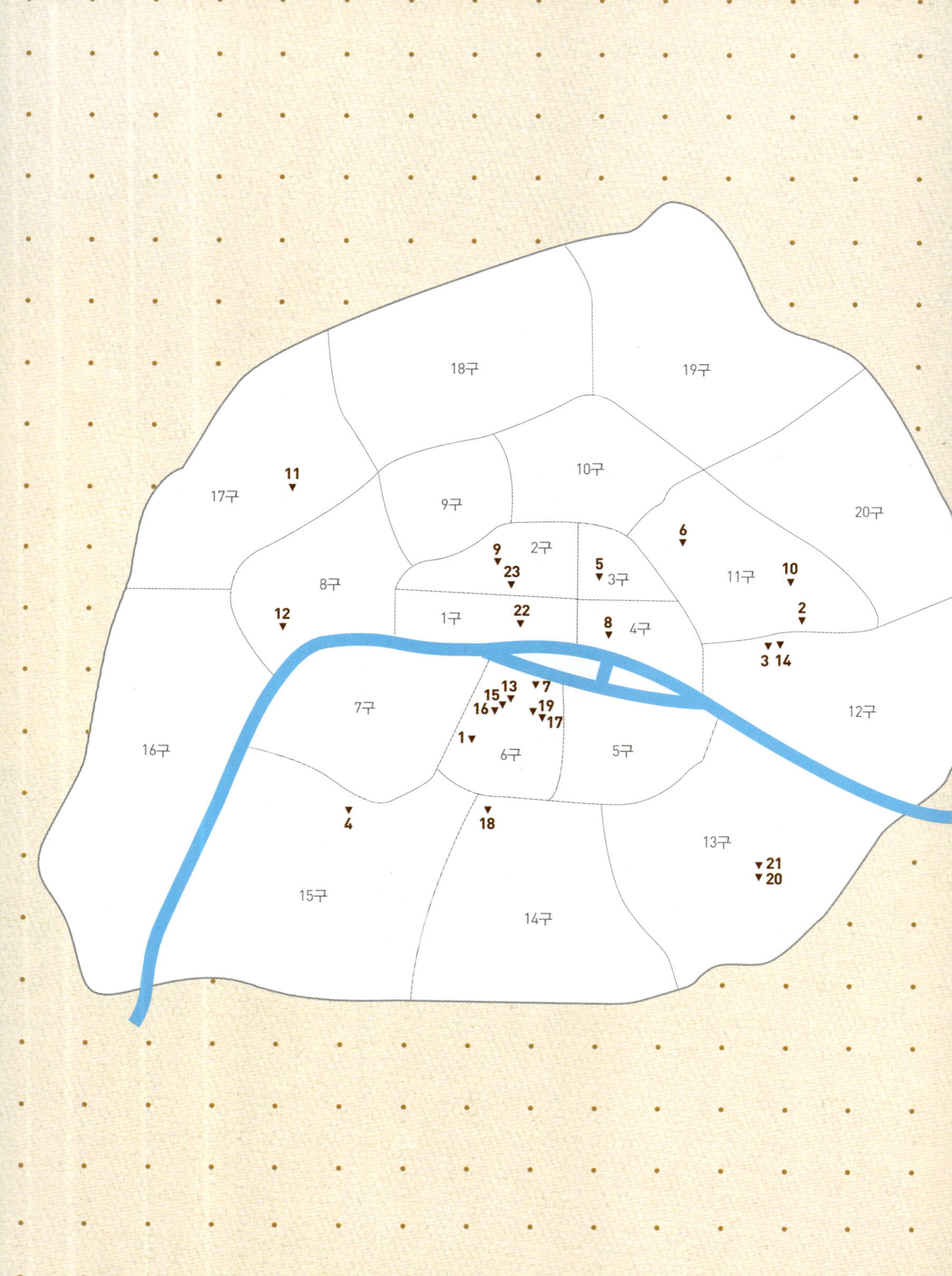

18구
19구
17구
11
9구
10구
20구
8구
6
2구
9
23
5
3구
11구
10
12
1구
22
8
4구
2
3 14
7구
15 13 7
16 19
1 17
16구
6구
5구
12구
4
18
13구
15구
14구
21
20

집에서 만들어보는 프랑스 요리들

사과조림을 곁들인
폭찹

사과를 새콤달콤하게 조려 함께 내면 돼지고기 같은 무거운 육식에 경쾌함을 주는 효과가 있다.

돼지목심 200g 4조각 · **양파** 1/2개 잘게 다진 것 · **칼바도스(또는 코냑)** 2tsp · **시드르** 250ml
치킨스톡 125ml · **휘핑크림** 150ml · **사과** 2개(8등분) · **설탕** 1/2tsp · **버터** 55g · **올리브 오일** 약간

01 팬에 버터 25g을 두르고 설탕을 뿌린 뒤, 8등분한 사과를 넣고 속까지 부드럽게 익힌다.

02 또 다른 팬에 올리브 오일을 두르고 달군 뒤, 돼지목심을 익힌다.

03 목심이 거의 다 익었을 때 칼바도스를 붓고 플랑베*한다. 목심은 완전히 다 익을 때까지 조리한 후 잘 보관해둔다.

04 남은 버터를 소스팬에 두르고 양파가 황금색이 될 때까지 볶는다.

05 04에 시드르와 치킨스톡, 휘핑크림을 넣고 약불로 바꾼 뒤 15분간 졸인다.

06 05에 준비해둔 돼지목심을 넣고 3분 정도 약불에서 익힌 후 조린 사과와 함께 내놓는다.

플랑베 flambée
고기나 생선 요리를 할 때 럼, 브랜디, 와인과 같은 술을 부어 순간적으로 불꽃을 일으켜 재료의 냄새를 없애는 조리법.

오리가슴살 구이와
카시스 블루베리 소스

원래 달게 조리해 먹는 오리가슴살을 편육처럼 썰어냈다. 샐러드나 빵과 함께 먹기 좋은 요리.

오리가슴살 200g 4조각 · **바닷소금** 2tsp · **계핏가루** 2tsp · **설탕** 4tsp · **블루베리** 250g
레드와인 250ml · **크렘 드 카시스 리큐어** 170ml · **옥수수 전분** 1tbsp

01   오리가슴살에 준비한 바닷소금, 계핏가루, 설탕을 미리 뿌려준다.

02   껍질 쪽을 아래로 놓고 10~15분 정도 팬에서 구워준다.

03   블루베리, 레드와인, 크렘 드 카시스 리큐어를 냄비에 넣고 분량이 1/4로 줄어들
      때까지 졸인다.

04   03에 옥수수 전분을 넣어 걸죽한 농도를 만든다.

05   구운 오리가슴살 위에 카시스 블루베리 소스를 올린다.

니스 식
샐러드

프랑스와 이탈리아의 영향을 동시에 받은 니스에서 가장 많이 나는 채소들로 만든 샐러드.

삶은 달걀 2개 · **블랙 올리브** 5개 · **앤초비** 5필레* · **방울토마토** 4개 · **양상추 또는 로메인** 50g
참치(캔) 30g · **에망탈 치즈** 약간 · **화이트와인 비네거·올리브 오일** 약간

01   준비한 재료들을 먹기 좋게 썰어 접시에 담는다.

02   화이트와인 비네거와 올리브 오일을 1:1 비율로 섞은 후, 01에 뿌려낸다.

필레fillet
프랑스 조리용어로 고기나 생선의 뼈 없는 조각을 말한다.

프렌치
오믈렛

오믈렛이란 말이 프랑스어에서 나온 데서 알 수 있듯이, 달걀에 채소를 올려 만든 이 요리
는 프랑스의 대표 요리 중 하나다.

| 4인 기준 | **달걀** 8개 · **시금치** 1묶음 · **계절 버섯** 100g · **방울토마토** 12개 · **에망탈 치즈(간 것)** 50g
다진 마늘·파 약간 · **식용유·버터** 약간 · **소금·후추** 약간

01   시금치는 잘 다듬은 후, 소금을 넣은 끓는 물에 5초간 데친다.
     tip 15초 이상 데치면 영양분의 50% 이상 손실된다.

02   버섯, 방울토마토는 기호에 따라 적당한 크기로 잘라 준비한다.

03   팬에 버터를 두르고 잘게 다진 마늘을 넣어 볶은 뒤, 02의 재료를 넣어 좀더 볶는다.

04   달걀을 거품기로 잘 섞고, 소금과 후추로 밑간을 한다.

05   팬에 식용유를 두르고 달군 뒤, 04를 붓고 선호하는 모양대로 달걀을 익힌다.

06   05 위에 준비된 시금치, 버섯, 토마토를 올린다. 에망탈 치즈와 잘게 썬 파를 올려
     맛을 더한다.

달팽이
키슈

달걀과 베이컨으로 맛을 낸 키슈 로렌이 가장 유명하지만, 여기서는 키슈 재료로 잘 쓰이지 않는 달팽이를 시도했다.

{ 키슈 반죽 만들기 } **강력분** 125g · **박력분** 125g · **버터** 100g · **달걀** 1개 · **소금** 4g · **찬물** 25~30g

01 강력분, 박력분을 섞는다.

02 버터는 살짝 차가운 상태에서 밀가루와 충분히 버무려준다.

03 02에 달걀과 소금, 찬물을 넣고 반죽한다.

04 03을 냉장고에 넣고 2시간 이상 휴지시킨다.

달팽이 36알 · **달걀** 2개 · **달걀노른자** 1개 · **토마토** 1개 · **양송이버섯** 60g · **표고버섯** 60g
샬롯 3개 · **마늘** 1개 · **화이트와인** 120ml · **휘핑크림** 120ml · **소금·후추** 약간

01 샬롯, 마늘은 잘게 썬다. 토마토는 콩카세*해서 준비한다.

02 달군 팬에 버터를 두른 뒤, 샬롯과 마늘을 넣고 볶는다.

03 02에 콩카세한 토마토, 화이트와인을 넣고 화이트와인이 1/3로 줄어들 때까지 졸인다.

04 03에 양송이버섯, 표고버섯, 휘핑크림, 소금과 후추를 넣고 좀더 졸인다.

05 04에 달걀 2개, 달걀노른자 1개, 달팽이 36알을 넣고 잘 섞어준 뒤 미리 준비해둔 키슈 반죽에 올린다.

06 180도로 예열된 오븐에서 20~25분 동안 굽는다.
tip 젓가락이나 칼로 찔러서 아무것도 묻어나오지 않을 때까지 굽는다.

콩카세concassée
프랑스 조리용어로 껍질을 벗기고 씨를 제거한 뒤 정사각형으로 잘게 써는 것.

버섯
크레프

한 끼 식사로도 거뜬한 짭짤한 맛의 크레프 살레. 버섯 말고 다른 재료를 넣어 응용하기 쉬운 요리다.

{ 크레프 반죽 만들기 } | **4인 기준** | **달걀** 4개 · **중력분** 200g · **정제버터** 70g · **우유** 660ml
설탕 60g · **소금** 1g · **럼주** 10ml

01 중력분과 설탕을 잘 섞어준 뒤, 우유를 첨가해 다시 한 번 잘 섞는다.

02 달걀은 거품기로 노른자와 흰자를 골고루 섞어준다.

03 02에 소금, 럼주, 녹인 정제버터를 넣은 뒤 3시간 정도 냉장 보관한다.

tip 반드시 냉장 보관 후 사용해야 재료들이 잘 섞이고 안정되어, 크레프를 구웠을 때 고른
질감과 맛이 나올 수 있다.

표고버섯 8개 · **에망탈 치즈** 50g · **올리브 오일** 약간

01 팬에 저며 썬 표고버섯을 넣고 살짝 굽는다.

02 팬에 올리브 오일을 두르고 준비한 크레프 반죽을 얇게 구워낸다.

03 구워낸 크레프에 구운 표고버섯과 에망탈 치즈를 올리고 적당한 크기로 접어 마
무리한다.

오리
리예트

리예트란 파테의 일종으로 고기를 잘게 잘라 지방과 함께 흐물흐물해질 때까지 삶은 음식이다. 빵에 얹어 먹으면 좋다.

삼겹살 600g · **오리다릿살** 800g · **화이트와인** 100ml · **마늘** 2쪽 · **소금** 1tsp · **후추** 1/4tsp
넛멕 1/2tsp · **올스파이스*** 1/4tsp

01 냄비에 삼겹살, 오리다릿살, 화이트와인을 넣고 끓기 시작하면 마늘, 소금, 후추를 넣고 약불에서 2시간 정도 푹 익힌다.

02 푹 익힌 삼겹살, 오리다릿살을 잘게 손으로 찢은 후 넛멕, 올스파이스*, 소금, 후추를 넣고 하루 이상 냉장고에서 숙성시킨다.

tip 냉장 보관을 할 때 삼겹살, 오리다릿살을 익힐 때 나온 육수를 뿌리면 풍미가 더욱 생긴다.

올스파이스allspice

자메이카가 원산지인 향신료로 넛멕, 정향, 계피 세 가지의 향이 모두 난다고 해서 올스파이스로 불린다. 상쾌한 단맛과 약간의 쓴맛을 갖고 있다.

새우와
마늘 소스

한국 사람들도 집에서 손쉽게 따라할 수 있는 요리로, 프랑스 요리가 복잡하지만은 않다는
사실을 알 수 있다.

왕새우 12마리 · **마늘** 6쪽 · **칠리고추** 2개 · **파슬리** 60g · **버터** 60g · **소금·후추** 약간

01 왕새우는 이쑤시개로 내장을 빼내고 잘 손질한다.

02 마늘과 칠리고추, 파슬리는 잘게 다져 준비한다. 버터는 실온에 두고 녹여둔다.

03 다진 마늘, 다진 칠리고추, 다진 파슬리, 소금, 후추, 버터를 잘 섞는다.

04 03에 손질한 왕새우를 넣고 30분 정도 실온에서 재워둔다.

05 왕새우에 충분히 향이 스미면 그릴팬이나 오븐 등에서 왕새우가 익을 때까지 약
    5~7분 정도 조리한다.

tip 특히 마늘은 반드시 다 익혀야 한다. 마늘이 다 익지 않으면 매운 풍미가 나서 맛을 해칠
    수 있다.

닭고기 구이와
버섯 소스

닭가슴살과 채소가 어우러져 영양가가 높다. 누구라도 쉽게 따라할 수 있는 요리.

| **4인 기준** | **닭고기** 1.8~2kg • **양송이버섯** 200g • **애호박** 100g • **가지** 100g • **양파** 1/2개
마늘 2쪽 • **화이트와인** 50ml • **생크림** 100ml • **잘게 다진 차이브** 약간 • **올리브 오일·소금·후추** 약간

01   닭고기를 통째로 준비한 후, 가슴살과 다릿살을 발라낸다.

02   살을 발라내고 남은 뼈들은 큼직하게 썰어 화이트와인, 양파, 마늘을 넣고 고기가
     잠길 만큼 물을 부은 후, 40분 정도 졸여서 소스 베이스를 만든다.

03   02의 소스 베이스에 양송이버섯과 생크림을 넣고 적당한 농도가 나올 때까지 졸
     인다.

04   버섯 소스가 적당히 졸여지면 잘게 다진 차이브와 소금, 후추를 넣어 마무리한다.

05   01에서 발라낸 닭고기 가슴살과 다릿살을 버섯 소스에 넣고 중불에서 익힌다.

06   애호박과 가지를 먹기 좋은 크기로 자른 뒤 올리브 오일을 두른 팬에서 살짝 볶은
     후 05에 넣는다.

파르메산 치즈를 곁들인
배와 아보카도 과일 샐러드

이 상큼한 샐러드의 맛을 제대로 내려면 좋은 올리브 오일과 파르메산 치즈를 준비해야 한다.

잘 익은 아보카도 1~2개 · **배** 1개 · **레몬주스 혹은 라임주스** 1tsp · **올리브 오일** 1+1/2tsp · **잣** 30g
파르메산 치즈 50g · **소금·후추** 약간

01   잘 익은 아보카도와 배를 먹기 좋은 크기로 예쁘게 자른다.

02   잘라놓은 과일 위에 올리브 오일을 뿌리고, 파르메산 치즈를 올린 뒤 레몬주스를
      골고루 뿌려준다.

03   팬에 살짝 구워낸 잣을 곁들여 내놓는다.

마르세유 식
오징어 샐러드

프랑스 남쪽 항구도시 마르세유에서 즐겨 먹는 해산물에 남프랑스의 대표 채소 토마토로 속을 채웠다.

{ 드레싱 만들기 } 레몬 1/2개 • **레몬주스** 레몬 1개 분량 • **올리브 오일·차이브·소금·후추** 약간

01 레몬 1/2개 분량의 껍질을 줄리안 썰기(가늘게 채썰기)로 준비해둔다.

02 레몬 1개 분량을 짜서 레몬주스를 만들어둔다.

03 레몬껍질, 레몬주스, 올리브 오일, 차이브, 소금, 후추를 섞어 드레싱을 만든다.

   tip 여기에 간장을 1tsp 첨가하면 오리엔탈 드레싱이 만들어진다.

| 6인 기준 | **오징어** 400g • **토마토** 200g • **당근** 100g • **대파** 75g • **셀러리** 75g • **마늘** 1쪽
올리브 오일 50ml

01 토마토, 당근, 대파, 셀러리, 마늘을 잘게 다져서 준비해둔다.

02 팬에 올리브 오일을 두르고 마늘을 볶고, 당근, 대파, 토마토, 셀러리 순서로 넣으며 익힌다.

   tip 당근, 대파, 토마토, 셀러리의 넣는 순서를 지켜야 한다. 너무 푹 익히지 말고 씹는 맛이 있도록 70% 정도만 익힌다.

03 오징어는 깨끗하게 손질한 뒤 준비한 속을 몸통에 채워넣는다.

04 속을 채운 오징어를 180도로 예열된 오븐에 넣고 10분 정도 익힌다. 이때 오징어 겉면이 너무 타지 않도록 주의한다.

05 오징어가 다 익으면 오븐에서 꺼내 준비한 드레싱을 뿌려 내놓는다.

바스크 식
치킨 스튜와 필라프

흔히 '풀레 바스케'라 불리는 이 요리 덕분에 바스크 요리가 유명해졌을 정도로 프랑스에서 인기가 높다.

{ 치킨 스튜 만들기 } | 4인 기준 | 닭고기 1.4kg · **토마토** 300g · **양파** 150g · **적피망** 2개
청피망 2개쪽 · **마늘** 3쪽 · **월계수잎** 1장 · **파슬리 줄기** 3~4개 · **말린 타임** 3~4장
올리브 오일 100ml · **화이트와인** 100ml · **치킨스톡** 300ml · **토마토 페이스트** 1/2tbsp

01 토종닭을 준비해 가슴살, 다릿살, 날갯살을 발라낸 뒤 각각 2등분 해둔다.

02 자른 닭고깃살을 올리브 오일을 두른 팬에서 볶는다.

03 02에 드라이 화이트와인을 넣고 다 날아갈 때까지 졸인다.

    tip 닭고기의 비린 잡내가 화이트와인의 알코올과 함께 날아가서 풍미가 더 깊고 좋아진다.

04 양파, 적피망, 청피망, 토마토, 마늘은 잘게 다져 준비해둔다.

05 03에 준비한 채소와 월계수잎, 파슬리 줄기, 말린 타임, 치킨스톡, 토마토 페이스트를 넣고 잠길 만큼 물을 부은 후, 센불에서 끓인다.

06 05가 보글보글 끓기 시작하면 약불로 바꾼 뒤 15~17분 동안 뭉근하게 익힌다.

{ 필라프 만들기 } 쌀 300g · **양파** 100g · **버터** 60g · **치킨스톡** 450ml
월계수잎 2장 · **타임** 2줄기 · **소금** 약간 · **기름종이** 1장

01 양파는 잘게 썬 뒤 팬에 버터 30g을 두르고 볶아준다.

02 01에 씻어둔 쌀을 넣고 1~2분 정도 볶다가 치킨스톡을 넣고 끓인다.

03 02가 끓기 시작하면 소금, 월계수잎, 타임을 위에 올린 뒤 기름종이를 덮어준다.

04 20분 정도 익힌 후 월계수잎과 타임은 빼내고 남은 버터 30g을 넣어 비벼주고 마무리한다.

감성돔 필레와
적채 크림소스

프랑스 사람들이 농어 다음으로 즐겨 먹는 생선인 감성돔에 적채를 넣고 크림소스를 곁들였다.

| 4인 기준 | **감성돔** 700~1000g · **적채** 1/2개 · **마늘** 2쪽 · **다진마늘** 1tsp · **타임** 2줄기
생크림 400ml · **화이트와인·올리브 오일·소금·후추** 약간

01   적채를 끓는 물에 2분 정도 살짝 데친 후, 마늘과 화이트와인, 생크림을 넣고 1/2이
       될 때까지 졸이고 나서, 적채를 넣고 마무리한다.

02   팬에 올리브 오일을 두르고, 잘게 다진 마늘을 넣고 살짝 익힌다.

03   올리브 오일에 타임을 넣고 향을 올려 준비해둔다.

04   감성돔 껍질 쪽에 칼집을 내고 03의 올리브 오일을 두른 팬에 넣고 익힌다.

05   적채 크림소스를 접시에 담은 후, 그 위에 감성돔을 올려낸다.

삼치 그릴구이와
샬롯 가니시

대서양과 맞닿은 남프랑스에서는 이런 식으로 생선과 채소를 통째로 구워 많이 먹는다.

생물 삼치 2마리 · **샬롯(혹은 적양파)** 2개 · **로즈마리** 4줄기 · **월계수잎** 4장
올리브 오일 · 소금 · 후추 약간

01 월계수잎과 로즈마리, 샬롯을 오븐이나 팬에서 굽는다.

02 생물 삼치를 소금과 후추에 절여둔다.

03 올리브 오일에 로즈마리를 넣어 향을 올린다.

04 02의 삼치를 로즈마리 향이 나는 올리브 오일을 두른 팬에 구워낸 후 샬롯을 가니
시로 올려 마무리한다.

반건가자미 구이와
정제버터 소스

프랑스와 영국 사이의 도버 해협에서 많이 잡히는 가자미를 라싸브어 식으로 변형한 요리.

{ 타임 정제버터 소스 만들기 } 타임 10줄기 · **정제버터** 100g · **소금·후추** 약간

01   정제버터를 중탕물에서 천천히 녹인 후 타임을 넣어 향을 올린다.
02   잘 녹은 버터의 윗부분에 있는 깨끗한 부분만 떠내서 소금과 후추로 간한다.

반건가자미 1마리 · **올리브 오일·소금·후추** 약간

01   반건가자미에 소금과 후추를 뿌려 준비해둔다.
02   올리브 오일을 팬에 두르고 반건가자미를 넣어 중불에서 익힌다.
      잘 뒤집어서 양쪽 모두 골고루 굽는다.
03   준비한 타임 정제버터 소스와 함께 내놓는다.

석화와
레몬

프랑스 사람들이 가장 즐겨 먹는 해산물로, 레시피는 간단하지만 현지에서는 꽤 비싼 고급 요리.

{ 셰리 비네거 소스 만들기 } 양파 혹은 샬롯 20g • **셰리 식초** 100ml • **소금·후추** 약간

01   양파나 샬롯을 잘게 다져 준비한다.

02   01에 준비한 셰리 식초, 소금, 후추를 넣어 잘 섞는다.

석화 6개 • **레몬** 1/4조각 • **셰리 비네거 소스**

01   석화, 즙을 내기에 적당하게 썰어둔 레몬, 셰리 비네거 소스를 접시 위에 보기 좋
     게 올린다.

02   석화에 레몬즙을 뿌려 비린 맛을 제거하고, 셰리 비네거 소스를 찍어 먹는다.

가리비와
밤고구마 퓌레

어떻게 구워도 맛있는 가리비에 한국식 고구마 범벅을 이용해 단맛을 더했다.

가리비 2개 · **껍질 벗긴 밤고구마** 200g · **버터** 30g · **우유** 65ml · **소금·후추** 약간 · **꿀** 약간

01 가리비는 실온에 30분 이상 둔 뒤 180도의 오븐에서 5분간 익힌다.
   tip 실온에 일정 시간 이상 두어야 근육이 이완되어 더욱 부드럽다.

02 냄비에 약간의 물과 껍질 벗긴 밤고구마를 넣고 삶는다.

03 삶은 고구마를 볼에 넣어 곱게 으깨고, 버터, 우유, 소금, 후추, 꿀을 넣고 잘 섞어
   퓌레를 만든다.

04 가리비 껍데기는 버리지 말고, 그 위에 밤고구마 퓌레와 구운 가리비를 올린다.

올리브 오일에 구운
새우와 대파

맛깔스러운 요리의 천국 남프랑스에 이렇게 소박한 요리도 있다. 원재료의 맛을 살리는 게 핵심.

왕새우 1마리 · **쪽파** 2개 · **엑스트라 버진 올리브 오일** 20㎖ · **소금·후추** 약간

01 쪽파를 소금과 후추로 간을 한 엑스트라 버진 올리브 오일에 넣어 반나절 이상 재
    워둔다.

02 왕새우는 반으로 가른 다음 이쑤시개로 내장을 제거한다.

03 손질한 왕새우는 소금과 후추로 간을 한다.

04 준비한 왕새우와 쪽파를 석쇠에 올려 직화로 굽는다.

구운 달고기와
파프리카 소스

남프랑스의 지중해에서 많이 잡히는 달고기는 몸통에 달 같은 무늬가 있어서 그런 이름이
붙여졌다.

달고기 1마리 · **파프리카** 1개 · **쪽파** 50g · **엑스트라 버진 올리브 오일** 100ml · **셰리 식초** 100ml
아스파라거스 1줄기 · **대파·밀가루·식용유·소금·후추** 약간

01 달고기에 소금, 후추를 뿌려 간을 한 뒤 팬에 엑스트라 버진 올리브 오일을 두르고
    구워낸다.

    tip 달고기는 광어나 도미 같은 흰살 생선으로 대체가 가능하다.

02 파프리카, 엑스트라 버진 올리브 오일, 셰리 식초, 소금, 후추, 쪽파를 믹서에 넣고
    곱게 잘 갈아 파프리카 소스를 만든다.

03 대파의 흰 부분은 가늘게 썬 뒤 밀가루를 살짝 묻혀 식용유에 튀겨낸다.

04 아스파라거스는 필러를 사용해 겉면을 80% 정도 벗겨내고 끓는 소금물에 살짝 데
    친다.

05 접시에 파프리카 소스를 뿌리고, 그 위에 구운 달고기와 데친 아스파라거스를 올
    린 뒤 튀긴 대파로 장식한다.

식초에 절인 방어와
토마토 콩피

과일이나 채소 콩피는 오래 조려서 만드는데 주로 고기 요리와 함께 내어 맛을 돋운다.

{ 식초에 절인 방어 만들기 } **중방어** 1마리 · **셰리 식초** 300ml · **마늘** 3쪽 · **설탕** 100g
소금 20g · **후추** 약간

01 마늘은 잘게 다져 준비한다.

02 셰리 식초, 다진 마늘, 설탕, 소금, 후추를 잘 섞어 하루 정도 숙성시킨다.

03 체를 사용해 02에서 잘게 다진 마늘을 걸러낸다.

04 방어는 잘 손질한 후 03의 소스에 1시간 정도 절여낸다.

{ 토마토 콩피 만들기 } **토마토** 5개 · **양파** 1개 · **마늘** 1쪽 · **올리브 오일** 50ml · **소금·후추** 약간

01 마늘은 잘게 다진 뒤 올리브 오일을 두른 팬에 넣고 볶는다.

02 01에 잘게 다진 양파를 넣고 투명해질 때까지 볶는다.

03 껍질과 씨를 제거한 토마토를 잘게 썰어 02에 넣고 물기가 없어질 때까지 약불에
서 3시간 이상 조린 다음 소금과 후추로 간을 한다.

04 물기가 다 없어지고 끈끈해지면 숟가락으로 모양을 내어 식초에 절인 방어 옆에
곁들인다.

무스
쇼콜라

프랑스에서 쉽게 먹을 수 있는 기본적인 데세르. 산도가 있는 딸기, 오렌지 등의 과일과 함께하면 더 좋다.

다크 초콜릿 250g · **버터** 100g · **달걀노른자** 3개 · **달걀흰자** 6개 · **설탕** 60g · **생크림** 200ml

01   다크 초콜릿을 따뜻한 물에 중탕으로 올려서 녹인다. 버터도 따로 녹여둔다.

02   달걀노른자는 터뜨려 섞는다는 느낌으로, 거품기로 반 정도만 올린다.

03   40~50도의 온도에서 01, 02를 섞어준다.
     tip 온도가 너무 높아지면 달걀이 익을 수 있고, 반대로 낮아지면 중탕한 초콜릿이 굳는다.

04   달걀흰자는 설탕을 조금씩 섞어가면서 거품기로 쳐서 단단하게 올린다.

05   생크림은 차게 보관했다가 거품기로 올린다.

06   40~50도의 온도에서 거품이 꺼지지 않도록 고무주걱으로 살살 돌려가며 03, 04, 05를 섞는다.

07   5~6시간 동안 냉장보관했다가 내놓는다.

과일
절임

한번 만들어놓으면 3개월 이상 두고두고 먹을 수 있는 저장식품으로, 치즈만큼 훌륭한 와인 안주가 된다.

사과 2개 · **배** 2개 · **레드와인** 1병 · **설탕** 200g · **럼주** 50ml · **통계피** 50g

01 냄비에 먹기 좋게 자른 과일과 함께 모든 재료를 넣고 끓인다.
김이 나면서 끓기 시작하면 바로 불을 끈다.

02 식으면 밀폐용기에 넣어 냉장 보관해 최소한 이틀 이상 절여둔다.

이토록 맛있는 파리
ⓒ진경수 2012

1판 1쇄   2012년 2월 8일
1판 3쇄   2013년 4월 30일

지은이   진경수
펴낸이   김정순
책임편집   한아름
구성   임지윤
사진   이과용
디자인   김덕오
마케팅   김보미 임정진 전선경

펴낸곳   (주)북하우스 퍼블리셔스
출판등록   1997년 9월 23일 제406-2003-055호
주소   121-840 서울시 마포구 서교동 395-4 선진빌딩 6층
전자우편   editor@bookhouse.co.kr
홈페이지   www.bookhouse.co.kr
전화번호   02-3144-3123
팩스   02-3144-3121

ISBN 978-89-5605-570-1 13980

이 도서의 국립중앙도서관 출판시도서목록(CIP)은 e-CIP 홈페이지(http://www.nl.go.kr/cip.php)에서
이용하실 수 있습니다. (CIP제어번호: CIP2012000248)